南京水利科学研究院出版基金资助

高分子强化表面印迹聚合物制备及其对六价铬的识别性

郭牧林　蔡伟成　张　栋　著

东南大学出版社
SOUTHEAST UNIVERSITY PRESS
·南京·

图书在版编目(CIP)数据

高分子强化表面印迹聚合物制备及其对六价铬的识别性 / 郭牧林,蔡伟成,张栋著. --南京:东南大学出版社,2023.12

ISBN 978-7-5766-1142-7

Ⅰ. ①高… Ⅱ. ①郭… ②蔡… ③张… Ⅲ. ①工业废水处理-研究 Ⅳ. ①X703

中国国家版本馆CIP数据核字(2023)第256828号

责任编辑:魏晓平 责任校对:咸玉芳 封面设计:王玥 责任印制:周荣虎

高分子强化表面印迹聚合物制备及其对六价铬的识别性
Gaofenzi Qianghua Biaomian Yinjin Juhewu Zhibei Jiqi Dui Liujiage De Shibiexing

出版发行:东南大学出版社
社　　址:南京市四牌楼2号　邮编:210096
出 版 人:白云飞
网　　址:http://www.seupress.com
经　　销:全国各地新华书店
印　　刷:广东虎彩云印刷有限公司
开　　本:787 mm×1092 mm　1/16
印　　张:11
字　　数:235千字
版　　次:2023年12月第1版
印　　次:2023年12月第1次印刷
书　　号:ISBN 978-7-5766-1142-7
定　　价:68.00元

本社图书若有印装质量问题,请直接与营销部联系。电话(传真):025-83791830

前　言

　　空气、水和土壤是人类赖以生存最基本的环境要素，随着全球工业化的迅猛发展，环境污染问题日益突出，尤其是难降解且具有生物累积性的重金属污染。六价铬［Cr（Ⅵ）］具有高水溶性、阴离子结构相似性和强氧化性等特点，若水中 Cr（Ⅵ）未经处理或者处理不达标排放到环境中，能通过食物链的累积对人体造成巨大危害，因此 Cr（Ⅵ）在世界各国均被列为第一优先控制污染物之一，去除废水中 Cr（Ⅵ）的问题迫在眉睫，也符合我国当代文明环境建设的要求。

　　吸附技术由于具有处理工艺简单、成本低、材料易回收等特点，符合国家生态环保资源化利用的要求，在重金属处理中的应用受到广泛关注。有机合成材料——聚丙烯（PP）熔喷纤维具有比表面积大、物化性质稳定、价廉易得等优点，已广泛应用于吸附油类污染物领域，但是其本身非极性、不亲水且不含有能与 Cr（Ⅵ）相结合的功能基团。故本书介绍通过等离子体聚合和悬浮接枝对其改性，并结合表面离子印迹技术，将其作为去除水中 Cr（Ⅵ）的高性能吸附材料。同时，有机天然材料——壳聚糖因其具有价廉易得、无毒无害和可降解等优点而受到广泛关注，目前文献报道基于壳聚糖吸附材料大多本质上是无 Cr（Ⅵ）选择性的，而实际水环境污染物成分复杂，如何提高目标污染物选择性，是一个难点，也是国家倡导的资源型社会战略要求。故本书介绍通过多胺定向接枝技术对其改性，并结合表面离子印迹技术，同样将其作为去除水中 Cr（Ⅵ）的高性能吸附材料。

　　本书是笔者及其研究团队 5 年多来部分研究成果的总结。本书共 7 章，第一章"绪论"在参考相关教科书、中外文献等资料的基础上概述了重金属污染现状、聚丙烯（PP）熔喷纤维和壳聚糖材料的特性以及等离子体改性技术、悬浮接枝改性技术和分子印迹技术，为本书其他章节的基础。第二、三、六章节分别介绍了等离子聚合改性 PP 熔喷印迹纤维、悬浮接枝改性 PP 熔喷印迹纤维和多胺定向接枝壳聚糖印迹微球的"制备参数—结构特征"关系。第四、五、七章分别介绍了其吸附特性及竞争吸附效应原理。本书源于数位老师及研究生的研究工作，包括魏无际教授、连洲洋副教授、罗正维老师、徐一平硕士生、徐俊硕士生、张超硕士生、钱慧硕士生等，在此对所有做出贡献的老师及学生表示衷心感谢。本书的出版得到了南京水利科学研究院出版基金的资助，在此一并表示感谢。

　　本书可供环境工程水处理领域科研人员、工程技术人员以及高等院校的本科生、研究生参考，笔者希望本书的出版可以为我国相关技术行业尽微薄之力。由于笔者水平有限，相关的材料技术在不断发展中，书中难免存在不足和错误，敬请读者批评指正。

笔 者

2023 年 11 月

目 录

1

第一章 绪 论

1.1 重金属污染现状及危害

20 世纪以来，随着科学技术的日新月异，经济飞速发展，人民的生活得到了改善，但是与此同时，人类也付出了惨重的代价。重金属工业的开采、冶炼、加工及商业制造活动日益增多，使得重金属通过各种方式污染着我们的环境，重金属在世界各国均被列为第一优先级控制污染物，重金属污染已成为一个刻不容缓的世界性课题（Mohammed, et al. 2011；Hu et al.，2013）。在环境科学领域，重金属是指对生物体有显著毒性的金属或类金属元素，如金属铬（Cr）、镉（Cd）、铅（Pb）、汞（Hg）以及类金属砷（As）等。重金属难以在自然界中分解，由于其具有良好的水溶性特征，能够通过水环境的迁移在食物链中数以百倍地富集，最终进入人体，危及人体健康（Gao et al.，2012；Huber et al.，2015；Isiam et al.，2015）。

2010 年，为贯彻落实科学发展观，加强环境监督管理，为制定经济社会政策提供依据，中华人民共和国环境保护部、中华人民共和国统计局和中华人民共和国农业部发布了《第一次全国污染源普查公报》（2011），公报指出，我国每年重金属（Cr、Cd、Pb、Hg 和 As）污染量高达 0.09 万 t。根据 2023 年国家统计局发布的《中国统计年鉴 2022》（2023），2017 年全国主要重金属铅（Pb）、汞（Hg）、镉（Cd）、总铬（Cr）和砷（As）排放量分别为 19 588 kg、638 kg、3 270 kg、17 796 kg 和 9 223 kg，总计 50 515 kg；主要集中在东部沿海，以江西、福建、浙江和江苏等省为主。在"十二五"期间，国家累计投入 210 多亿元支持开展重金属污染治理，15 个省将堆存半个世纪的 670 余万吨铬渣在 2016 年年底全部处置完毕。但历史遗留的重金属污染问题短期解决难度大，涉及重金属企业环境安全隐患依然较为突出（重金属污染综合防治"十二五"规划，2011）。由于工矿企业未按要求达标排放，尾矿、废渣和污泥的不合理处置所造成的二次污染均通过雨水与废液流入江河湖海中，与泥沙等结合最终以沉积物形式沉降蓄积。研究表明：西太湖水域在 1892 年至 1985 年间，沉积物中 Pb、Cr 和 Cd 平均含量分别为 17.4 mg/kg、43.1 mg/kg 和 0.137 mg/kg（几乎无人为因素）；而 1986 年至 2017 年间，沉积物中 Pb、

1

Cr 和 Cd 分别提升至 24.5 mg/kg、75.3 mg/kg 和 0.55 mg/kg，其中人类活动所导致的污染占比分别为 31.6%、39.5% 和 85.3%。长江河口流域（崇明岛西南部至杭州湾部分）底层沉积物中 Cr、Cu、Ni、Pb、As、Cd 和 Hg 的平均含量分别为 84.7 mg/kg、24.3 mg/kg、33.5 mg/kg、21.0 mg/kg、10.3 mg/kg、0.25 mg/kg 和 0.06 mg/kg。

水体、土壤、地下水等受到重金属污染，由此导致危害公共安全事件频繁出现。例如：2011 年 8 月，云南曲靖铬渣非法倾倒致污事件曝光，5 000 多吨剧毒铬渣废料未经处理直接倾倒在曲靖山洞中，引发多起牲畜死亡，威胁珠江源头南盘江（郭楠 等，2013）。2012 年，广西龙江两家违法排污企业将未经处理的含镉废水直接排放，致使河段镉含量超标，超过《地表水环境质量标准》Ⅲ类标准约 80 倍，使得沿岸及下游居民饮水安全遭到严重威胁，引发居民恐慌性抢购瓶装饮用水，7 名相关责任人涉嫌污染环境罪被依法提起公诉（董璟琦 等，2015）。2014 年，湖南衡东某化工公司排污水沟直接通往湘江，导致周边 315 名儿童中，血铅超标 82 人，轻度中毒 8 人，重度中毒 2 人，造成重大环境污染问题，可谓"血铅之痛"。2016 年，"南通 4.14 特大环境污染案"进行了审理宣判，涉案人员在生产过程中将含量超标 11 300 倍的含铜废水通过私设暗管排到雨水池（井）中，进而直排长江。

重金属集聚对周边环境的农作物与人类也造成极大危害：安徽北部淮河流域种植的大豆中 Ni、Cr、Cu 和 Pb 含量分别为 4.02 mg/kg、1.58 mg/kg、18.34 mg/kg 和 0.15 mg/kg，分别超过《食品安全国家标准　食品中污染物限量》（GB 2762—2017）92.59%、74.07%、37.04% 和 9.88%。湖南 11 个县市大米 Cd 日暴露基准剂量达到 40.00 μg/d，受检人群中慢性轻度 Cd 中毒率高达 79.09%，部分人群出现了"痛痛病"等实质病变。此外据新闻报道：我国粮食主产区土壤重金属点位超标率高达 21.49%；华南地区有近 40% 的农田菜地土壤重金属污染超标；长三角地区至少 10% 的土壤因重金属污染基本丧失生产力。

综上所述，重金属已对环境造成严重污染，也对人类的健康造成威胁，有效地防治重金属污染具有必要性和紧迫性。快速发展的工业化带来日益严重的重金属排放，如：采矿业、冶炼业、金属表面加工业，部分地方政府以及企业仍延续着西方先污染后治理的老路，政府监管不力、企业自身社会责任感差，企业违法开采、隐蔽排污和超标排污呈多发趋势，其结果是严重损害群众健康，影响我国经济、社会和环境的健康发展。因此，对重金属污染进行强力监管并启动问责制，进入铁腕治污的"新常态"显得尤为重要。

在 2011 年，国务院批复了《重金属综合污染防治"十二五"规划》，这是环境保护部专门针对重金属污染防治问题而制定的专项规划。规划要求优化重金属相关产业结构，做到遵循源头预防、过程阻断、清洁生产、末端清理的全过程综合防控理念。第一类规划对象以 Cr、Cd、Pb、Hg 和类金属 As 等污染严重的重金属为主；重点防控 5 大行业：

有色金属矿（含伴生矿）采选业、有色金属冶炼业、含铅蓄电池业、皮革及其制品业、化学原料及化学制品制造业。2015 年，环境保护部等相关部门编制了《水污染防治行动计划》（水十条）（国务院，2015），将对污水处理、工业废水、全面控制污染物排放等多方面进行强力监管，重点整治的十大行业包括有色金属、制革、电镀等产生大量重金属的行业。2016 年，国务院印发了《土壤污染防治行动计划》（土十条）（国务院，2016），"土十条"强调，加强涉重金属行业污染防控，重点监测土壤中 Cd、Hg、As、Pb、Cr 等重金属。2018 年，新修订的《中华人民共和国水污染防治法》（国务院，2017）开始实施，该法明确禁止将含有 Hg、Cd、As、Cr、Pb 剧毒废渣向水体排放、倾倒或者直接埋入地下。2022 年生态环境部发布的《关于进一步加强重金属污染防控的意见》中明确提出，到 2025 年全国重点行业重点重金属污染物排放量比 2020 年下降 5% 的目标。基于后疫情时期大力发展工业带来的排放和疫情期间低排放基数的背景下，这一目标仍是一个不小的挑战。由此可见，生态文明建设在我国经济发展中具有重要的战略地位。未来的生态文明建设将以可持续发展为核心，将环境保护和环境治理纳入法制轨道，这必然对加快与环境相关技术的发展步伐提出要求。

1.2　Cr（Ⅵ）的性质及危害

Cr 单质为钢灰色金属，元素名来自希腊文，由于其化合物均有颜色，因此意思为"颜色"。Cr 在元素周期表中属ⅥB 族，原子序数 24，相对原子质量 51.996 1，体心立方晶体，常见化合价为 +2、+3 和 +6，是硬度最大的金属（Meija et al.，2015；Robert et al.，1984）。金属 Cr 可以用作铝合金、钴合金、钛合金及高温合金、电阻发热合金等的添加剂。氧化 Cr 用作耐光、耐热的涂料，也可用作磨料，玻璃、陶瓷的着色剂，化学合成的催化剂。镀 Cr 可使钢铁、铜和铝等金属形成抗腐蚀的表层，并且光亮美观，大量用于家具、汽车、建筑等行业。此外，铬矿石还大量用于制作耐火材料（Kotas et al.，2000；GoNzalez et al.，2005）。

Cr 在国民经济的各行各业占有举足轻重的地位，但相应的也产生了大量的含 Cr 污染物，这些 Cr 主要以 Cr（Ⅲ）和 Cr（Ⅵ）的氧化态存在。其中，Cr（Ⅲ）参与人体代谢，是人体必不可少的微量元素，对人体几乎不产生有害作用，未见引起工业中毒的报道；但 Cr（Ⅵ）具有致癌并诱发基因突变的作用，长期摄入会引发腺癌、肺癌、皮肤癌等疾病，Cr（Ⅵ）比 Cr（Ⅲ）的毒性大 100 倍以上。Cr（Ⅵ）之所以具有如此大的毒性，主要是因为 Cr（Ⅵ）具有三大特性（Richard et al.，1991；Bayramoglu et al.，2011；Etemadi et al.，2017）：

① 强氧化性。Cr（Ⅵ）处于 Cr 氧化物的最高价态，具有很强的氧化性，透过细胞膜进入细胞的 Cr（Ⅵ）能造成染色体畸变、DNA 断裂等破坏。

② 阴离子结构相似性。Cr（Ⅵ）是以阴离子结构存在环境中，与人体所必需的磷酸根、硫酸根等微量元素有结构上的相似性，因此，Cr（Ⅵ）很容易通过细胞膜，克服细胞渗透阻力进入人体细胞内。

③ 高水溶性。Cr（Ⅵ）在不同浓度、pH 以及氧化还原电势下，呈现不同的存在形式（图 1-1），它们均有很高的水溶解性，很容易在水环境中迁移，通过食物链的富集，成百上千倍地累积在人体内。

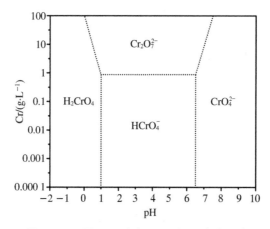

图 1-1 不同 pH、浓度下 Cr（Ⅵ）存在形式

因此，Cr（Ⅵ）几乎在世界各个国家都被列为第一优先级控制危险物和致癌物。美国环保局（EPA）将其列为 A 类致癌物，规定工业废水排放标准中 Cr（Ⅵ）的含量不得高于 $0.01 \, mg \cdot L^{-1}$（USEPA，1996）；世界卫生组织（WHO）将其列为Ⅰ类致癌物，是唯一入选的重金属（其它为黄曲霉素、砒霜、石棉、甲醛、二噁英等），规定工业废水排放标准中 Cr（Ⅵ）的含量不得高于 $0.05 \, mg \cdot L^{-1}$（WHO，1997）；我国对 Cr（Ⅵ）的排放规定工业废水中含量不得高于 $0.5 \, mg \cdot L^{-1}$（GB 8976—1996）。

综上所述，Cr（Ⅵ）是我国乃至世界急需处理以及防治的重金属污染源。

1.3 含 Cr（Ⅵ）废水主要处理方法

废水中 Cr（Ⅵ）污染导致环境质量恶化，成为亟待解决的水污染问题。对含 Cr（Ⅵ）废水常见的处理方法主要有以下 5 种：化学沉淀法、膜分离法、离子交换法、微生物法和吸附法（Pradhan et al.，2017；Kumar et al.，2017；Dinker et al.，2015；徐天

生 等，2015；肖轲 等，2015；Dhal et al.，2013）。

1.3.1 化学沉淀法

废水中 Cr（Ⅵ）存在的离子形态多样，如 $Cr_2O_7^{2-}$、CrO_4^{2-}、H_2CrO_4 和 $HCrO_4^-$，各种形态相互间转化主要取决于水中的 pH、Cr（Ⅵ）浓度和氧化还原电势。Cr（Ⅵ）存在形态均是水溶性的，所以不能仅通过它们之间离子形态的转变，来达到 Cr（Ⅵ）直接固液分离的目的。目前国内外最常使用的 Cr（Ⅵ）处理方法是化学沉淀法，包括直接沉淀法和还原沉淀法（反应原理如图 1-2 所示）。

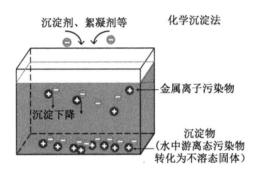

图 1-2 化学沉淀法

直接沉淀法的基本原理是根据投加钡盐（氯化钡和碳酸钡）和铬酸钡的溶度积的差异，利用置换反应原理，将 Cr（Ⅵ）生成铬酸钡沉淀。该方法的优点是操作简单，不投加酸调节 pH，成本较低；缺点是钡盐有毒性，废水中的残余钡应当去除，此外过滤管容易堵塞。例如李航彬等（2014）通过钡盐直接沉淀法处理含 Cr（Ⅵ）的电镀废水，结果表明：钡盐加入量为理论值的 2.4 倍，出水铬含量达标，铬污泥经过转化，Cr（Ⅵ）回收率为 65%，但是该方法比还原法的药剂成本和危险固废处理成本要高。

还原沉淀法的基本原理是通过改变 Cr（Ⅵ）的氧化态，即在酸性条件下将 Cr（Ⅵ）还原成 Cr（Ⅲ），随即加入碱，形成 Cr（Ⅲ）的氢氧化物沉淀，以达到 Cr（Ⅵ）去除分离的目的。最常用的还原剂有硫系和铁系还原剂。

（1）硫系还原剂。常用的还原剂有二氧化硫（SO_2）和亚硫酸氢钠（$NaHSO_3$），还原反应分别为：

$$2CrO_4^{2-} + 3SO_2 + 4H^+ \longrightarrow Cr_2(SO_4)_3 + 2H_2O \qquad (1-1)$$

$$4CrO_4^{2-} + 6NaHSO_3 + 3H_2SO_4 + 8H^+ \longrightarrow 2Cr_2(SO_4)_3 + 3Na_2SO_4 + 10H_2O \qquad (1-2)$$

另外 Zhao 等（2017）使用 Na_2SO_3 作为 Cr（Ⅵ）的还原剂，CaO 为沉淀剂，1 h 内

就能使 Cr（Ⅵ）还原率达 95％以上，但是共存钙离子会对还原效率有负影响。

（2）铁系还原剂。包括铁、亚铁盐和由铁离子、氧离子及其它金属离子所组成的铁氧体等。亚铁盐还原反应为：

$$6Fe^{2+} + Cr_2O_7^{2-} + 14H^+ \longrightarrow 6Fe^{3+} + 2Cr^{3+} + 7H_2O \tag{1-3}$$

例如陈忠林等（2015）采用零价铁还原 Cr（Ⅵ），结果表明：零价铁与 Cr（Ⅵ）质量比为 1 000∶1、pH 为 3 时，30 min 能有效地还原 98％的 Cr（Ⅵ）。程抱奎等（2018）将 FeO 均匀分散在一维纳米结构的 γ-Al_2O_3 中，研究其杂化结构对 Cr（Ⅵ）的还原能力，结果表明：当 FeO 和 γ-Al_2O_3 的物质的量比为 2∶5、投加量为 2.5 g/L，1 h 可以还原 95％以上的 Cr（Ⅵ）。

综上所述，还原沉淀法运用广泛，技术条件成熟，运行管理简单。但是，此种方法也有很多缺点：

① 沉淀过程产生大量的含铬污泥，这些含铬污泥掺杂其它金属氢氧化物沉淀等杂质，很难再生利用，安全处置困难。

② 铁系还原剂还原 Cr（Ⅵ）需要在低 pH 下进行，需要投加大量酸，相应中和沉淀所需的碱也多，费用大；使用硫系还原剂时，易在酸性条件下产生易挥发、有毒的 SO_2 气体。

③ 不适用于处理低浓度 Cr（Ⅵ）废水，还原效率低，沉淀不完全，酸碱中和产生的盐类浓度大，出水水质难以保证。

1.3.2 膜分离法

膜分离法是利用膜两侧的压力差、浓度差和电位差等作为驱动力，利用膜的选择透过性，实现 Cr（Ⅵ）的分离和浓缩。膜分离按照膜孔径的大小依次分为微滤（Microfiltration，MF）、超滤（Ultrafiltration，UF）、纳滤（Nanofiltration，NF）和反渗透（Reverse osmosis，RO），它们都是以压力差为驱动力控制；电渗析（Electrodialysis，ED）是以电位差为驱动力控制。这些膜分离技术也都能对废水中 Cr（Ⅵ）进行分离去除。具体膜分离种类及原理如表 1-1（反应原理如图 1-3 所示）。

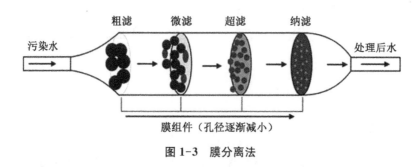

图 1-3　膜分离法

表 1-1 主要工业化膜分离种类及机理

膜种类	驱动力	分离机理
微滤	压力差（0.01～0.2 MPa）	孔径筛分
超滤	压力差（0.1～0.5 MPa）	孔径筛分
纳滤	压力差（0.5～2.5 MPa）	孔径筛分＋溶解/扩散
反渗透	压力差（1.0～10.0 MPa）	孔径筛分＋溶解/扩散
电渗析	电位差	离子交换

1.3.2.1 微滤和超滤技术

微滤和超滤技术的原理是在一定压力差的驱动下，根据膜孔径的大小，对溶质进行筛分过滤。微滤膜孔径范围为 $0.2\sim10\ \mu m$，超滤膜孔径范围在 $0.02\sim0.2\ \mu m$，由于 $Cr(Ⅵ)$ 粒径小于微滤膜和超滤膜的孔径，一般情况下无法对 $Cr(Ⅵ)$ 进行膜分离去除。通常需要与前处理工艺结合，例如对 $Cr(Ⅵ)$ 进行络合，形成聚合物－$Cr(Ⅵ)$ 大尺寸络合物，此时微滤膜和超滤膜就能对其有效地截留并浓缩。例如 Stylianou 等（2018）以 $FeSO_4$ 还原絮凝剂，以聚丙烯中空纤维微滤膜对还原出的 $Cr(Ⅲ)$ 进行过滤，结果表明：当 $FeSO_4$ 与 $Cr(Ⅵ)$ 物质的量比略大于 $3:1$，配合微滤工艺，出水 $Cr(Ⅵ)$ 达到排放标准。钟常明等（2015）采用聚乙烯亚胺为 $Cr(Ⅵ)$ 络合剂，并通过聚偏二氟乙烯中空纤维超滤膜进行过滤，结果表明：当 pH 为 7、络合剂与 $Cr(Ⅵ)$ 比值为 7 时，$Cr(Ⅵ)$ 的截留率达到 86% 以上。

1.3.2.2 纳滤技术

纳滤是介于反渗透和微滤之间的一种膜分离技术，截留分子量为 $200\sim2\,000$，孔径范围在几个纳米左右，分离机理基于空间效应和道南效应。纳滤对二价阴离子（如 CrO_4^{2-}）的截留效果非常好，这其中主要是道南效应。纳滤膜处理 $Cr(Ⅵ)$ 有不易堵塞、不易污染、不需要较高驱动力等优点。但是，低浓度 $Cr(Ⅵ)$ 去除率较低，受高价态离子影响较大；纳滤膜成本较高，依赖进口，关键技术需要发展；影响纳滤过程因素较多，过程和机理比较复杂。例如：Xu 等（2014）将 AMPS 接枝于聚砜中空纤维纳滤膜内外表面上，结果表明：在 pH 为 9、压力为 4 bar（0.4 MPa）、$Cr(Ⅵ)$ 浓度为 $0.1\ mmol\cdot L^{-1}$、流量为 $23.8\ L\cdot m^2\cdot h^{-1}$ 时，该改性纳滤膜能够截留 95.1% 的 $Cr(Ⅵ)$。Mojarrad 等（2017）使用聚酰胺纳滤膜处理同时含有 $As(Ⅴ)$ 和 $Cr(Ⅵ)$ 的水样，结果表明：$Cr(Ⅵ)$ 的截留率为 83%，当共存离子 $As(Ⅴ)$ 含量增大时，$Cr(Ⅵ)$ 的截留率下降为 65.5%。

1.3.2.3 反渗透技术

反渗透技术是渗透的逆过程，膜孔径为 10^{-10} m 级别，是基于膜选择性透过溶剂而截留溶质的特点，对膜一侧溶液施加一个大于溶液渗透压的驱动力，实现溶液中溶剂和 Cr（Ⅵ）分离的膜分离过程（反应原理如图 1-4 所示）。反渗透膜能够有效地分离溶质和溶剂，但处理较高浓度的 Cr（Ⅵ）将受到渗透压和膜本身耐压的限制，致使水回收率较低，膜抗污染性较差，有较高的运行费用（高压力高能耗）。例如：Gaikwad 等（2017）使用商用聚酰胺反渗透膜处理同时含有氟离子和 Cr（Ⅵ）的模拟水样，结果表明：当系统 pH 为 8、压力为 16 bar 时，5 mg·L^{-1} 的 Cr（Ⅵ）去除率可达 99.97%。

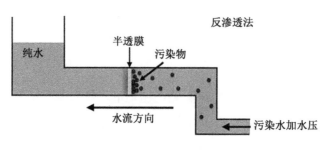

图 1-4　反渗透法

1.3.2.4　电渗析技术

电渗析技术与上述膜分离技术原理不同，是一种电化学与膜联用技术，其基本原理是在电位差驱动作用下，溶液中的带电离子选择性地透过膜，最常用的膜是离子交换膜（反应原理如图 1-5 所示）。目前电渗析技术已成为一种重要的 Cr（Ⅵ）去除技术，受到越来越广泛的关注。但是电渗析运行过程中因浓差极化而结垢、膜易受到污染等问题需要解决。例如：陈晟颖等（2012）研发了一种新型五段多回流电渗析，用于处理水溶液中的 Cr（Ⅵ），当淡水室流速为 140 mm·s^{-1}、浓水 Cr（Ⅵ）浓度为 6 g·L^{-1}、膜对平均电压 6 V 时，Cr（Ⅵ）浓度由 100 mg·L^{-1} 下降至 0.2 mg·L^{-1}。

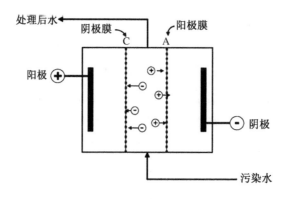

图 1-5　电渗析法

综上所述，膜分离法具有占地面积小、效率高、可模块化设计等优点，但是也有离子选择性去除能力较差（离子大小相近）、能耗高（操作压力大）、膜抗污染能力差，进水水质要求高等缺点，制约了该技术的应用。

1.3.3 离子交换法

离子交换法去除废水中 Cr（Ⅵ）的机理主要是离子交换，离子交换剂本身存在可自由移动的离子，这些离子能与废水中的 Cr（Ⅵ）进行选择性交换作用（反应原理如图 1-6 所示）。Cr（Ⅵ）在溶液中主要是以 CrO_4^{2-} 和 $Cr_2O_7^{2-}$ 等阴离子态存在的，因此，可以利用阴离子交换剂去除。反应方程式为：

$$CrO_4^{2-} + 2ROH \longrightarrow R_2CrO_4 + 2OH^- \tag{1-4}$$

$$Cr_2O_7^{2-} + 2ROH \longrightarrow R_2Cr_2O_7 + 2OH^- \tag{1-5}$$

当离子交换剂饱和后，利用再生剂中的阴离子在浓度占绝对优势的情况下，将离子交换树脂上的 Cr（Ⅵ）洗脱下来，达到再生目的。例如：倪慧等（2013）使用自制改性叔胺型离子交换纤维，研究 $Cr_2O_7^{2-}$ 和 SO_4^{2-} 共存体系对 Cr（Ⅵ）的选择吸附能力，结果表明：在 pH 为 2、Cr（Ⅵ）和 SO_4^{2-} 浓度分别为 65 mg·L^{-1} 和 480 mg·L^{-1} 时，氢氧根型和硫酸根型离子交换纤维对 Cr（Ⅵ）离子交换容量分别达到 308.09 mg·g^{-1} 和 335.56 mg·g^{-1}，NaOH 可有效地将纤维再生。Huang 等（2012）将聚苯硫醚纤维氯甲基化和季胺化，在 pH 为 3.5 时，Cr（Ⅵ）离子交换容量达到 166 mg·g^{-1}。

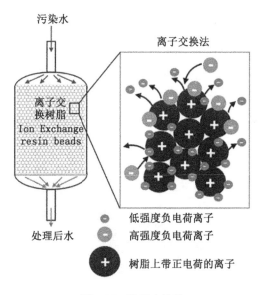

图 1-6 离子交换法

离子交换法处理 Cr（Ⅵ）具有不产生污泥、可重复再生使用等优点，但是，在废水成分非常复杂的时候，需要针对不同目标离子选用不同的离子交换剂，选择性能较差，且表面易受有机质污染造成离子交换容量下降。此外，离子交换系统投资费用大、操作管理复杂，一般中小型企业难以适应。

1.3.4　微生物法

微生物法处理含 Cr（Ⅵ）废水是利用微生物（通常为细菌，少量为真菌）的吸附作用、或通过酶的催化还原作用将 Cr（Ⅵ）还原为低毒性、低迁移性的 Cr（Ⅲ）并排出体外的方法。微生物吸附 Cr（Ⅵ）是利用微生物的特殊化学结构和 Cr（Ⅵ）形成络合物，通过去除微生物的方法来去除 Cr（Ⅵ），常用的微生物有藻类、酵母菌、霉菌等（张娜，2016）。例如 Shroff 等（2012）使用 $0.5\ mol \cdot L^{-1}$ 硝酸处理改性根霉菌，对 Cr（Ⅵ）的吸附量从未处理前的 $21.3\ mg \cdot g^{-1}$ 上升至 $31.3\ mg \cdot g^{-1}$。

相比于微生物吸附法去除 Cr（Ⅵ），还原 Cr（Ⅵ）为 Cr（Ⅲ）的方法更具有优势，还原的 Cr（Ⅲ）毒性低，通常还原后的 Cr（Ⅲ）存在可溶或不可溶的形式，是由细菌的种类性质以及环境特性决定的。例如：*Pseudomonas* sp. G1DM21 和 *Pseudomonas* putida 还原产物为可溶性的 Cr（Ⅲ），没有生成沉淀（张娜，2016）。

微生物法具有过程简单、环境友好、不破坏水体或土壤理化环境等特点。但是，微生物法对温度、水样成分、营养条件等要求较高，往往处理效率低下，而且由于自然界含量较少，导致难以大规模生产，因而限制了该技术的发展，例如，过高的 Cr（Ⅵ）含量可能导致微生物中毒死亡，较低的温度会使其活性下降影响处理效率等。

1.3.5　吸附法

吸附法处理含 Cr（Ⅵ）废水技术是利用吸附材料与 Cr（Ⅵ）之间的物理（范德华力）或化学（化学键力、静电引力）作用将废水中 Cr（Ⅵ）进行去除的一种方法（反应原理如图 1-7 所示）（阮子宁 等，2015）。吸附材料可以分为无机吸附材料、有机合成吸附材料和天然吸附材料。

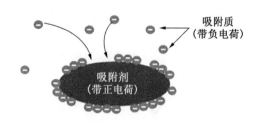

图 1-7　吸附法

1.3.5.1 无机吸附材料

无机吸附材料来源十分广泛，包括沸石、硅藻土、高岭土等。例如黄玉梅（2017）分别使用复合硫酸/硫酸铜、氢氧化钠、盐酸、浓磷酸、氯化钠和混合盐改性沸石，结果表明：硫酸/硫酸铜复合改性沸石吸附效果最佳，此种改性方法不仅降低了沸石中硅铝比例，使得 Cr（Ⅵ）更有利于扩散，而且还有助于增大沸石的孔隙度。改性后 Cr（Ⅵ）吸附量为 0.23 mg·g^{-1}，相比于未改性沸石提升 70% 以上。黄玉洁（2012）使用硫酸对粉煤灰改性后，对 Cr（Ⅵ）的吸附作用明显增大，是由于改性后孔隙度提高，且 Al 含量增大，推测对 Cr（Ⅵ）的吸附主要依靠 $[AlO_4]^{5-}$ 的化学吸附作用，吸附容量达到 22.37 mg·g^{-1}。Sun 等（2017）将碳纳米颗粒负载在硅藻土表面，利用材料结构丰富的孔隙结构对 Cr（Ⅵ）进行吸附，在 pH 为 2.0、温度 45 ℃下，吸附量达到 19.91 mg·g^{-1}。

通过相关文献发现，无机吸附材料的优点是基体材料来源广、价廉易得；缺点是吸附量较小，选择性差。吸附机理主要是依靠材料丰富的孔隙结构进行物理吸附以及本身含有能与 Cr（Ⅵ）配位的元素进行化学吸附。

1.3.5.2 有机吸附材料

有机合成吸附材料种类繁多，如大孔树脂、螯合纤维等。常用的合成单体有丙烯酸、三乙烯四胺、丙烯酰胺等含有能与 Cr（Ⅵ）配位的羧基、胺基等功能基团。例如通过表面引发原子转移自由基聚合反应将 4-乙烯吡啶接枝于氯甲基聚苯乙烯表面，制备出 P4VP-g-PS 树脂，利用吡啶环对 Cr（Ⅵ）的配位作用，吸附容量达到 4.56 mmol/g。Zhang 等（2018）利用纺丝技术将 Fe/FeN$_x$ 负载在聚乙烯吡咯烷酮纤维上，在 25 ℃下 Cr（Ⅵ）吸附量达到 79 mg·g^{-1}，归功于高比表面积（151 m^2/g）和表面负载的铁化物（改变纤维表面极性及酸碱性）。有机吸附材料的优点是吸附容量大、结构可设计性灵活、可再生性好等；缺点是合成过程往往产生一定量有毒有机溶剂、合成原料昂贵等。

1.3.5.3 天然吸附材料

天然有机材料包括壳聚糖、纤维素、淀粉等。例如 Hu 等（2015）通过反向乳液聚合，制备多孔胺基化交联玉米淀粉，在最佳制备工艺下，Cr（Ⅵ）吸附量达到 28.83 mg·g^{-1}。Zhu T Y 等（2017）制备铈负载交联壳聚糖，当 pH 为 2、温度为 20 ℃时，在 Cr（Ⅵ）单一组分溶液中，吸附量为 202.8 mg·g^{-1}，在有酸性橙Ⅱ共存下，Cr（Ⅵ）吸附量为 112.9 mg·g^{-1}。

通过相关文献发现，天然有机 Cr（Ⅵ）吸附材料大多利用材料本身含有的胺基、羟基、羧基等活性基团，对 Cr（Ⅵ）进行配位吸附。其优点具有材料来源广泛，成本低，可生物降解绿色环保等；缺点是吸附量较低，基体材料强度低，再生困难。

采用吸附技术处理含 Cr（Ⅵ）废水是一种非常有效且具有较好发展前景的处理方法，总体来说其具有以下优点：吸附材料来源广泛，操作简便，装置简单，吸附材料适合处理高，低浓度水样，不产生二次污染，可重复使用。

综上所述，每种处理含 Cr（Ⅵ）废水的方法均具有优点与缺点（表 1-2）。综合来看，吸附法由于具有设备简单、操作简便、吸附材料可循环使用等优点，目前已经引起了研究人员的广泛关注，是去除水中 Cr（Ⅵ）较佳的方法。而吸附法的核心问题是如何寻求一种价廉易得、物化性质稳定、效率高、目标离子选择性好的吸附材料，从而以更加安全和经济的手段处理 Cr（Ⅵ）废水。

表 1-2　Cr（Ⅵ）常用去除方法及其优缺点

去除方法	优点	缺点
化学沉淀法	工艺成熟；操作简便；试剂来源广泛	铬污泥需二次处理；试剂消耗量大，出水 COD 难以保证；还原不彻底
膜分离法	分离效率高；设备简单占地小；可浓缩回收 Cr（Ⅵ）	膜组件昂贵；膜易受污染；进水水质要求高；能耗大或需要进行前处理
离子交换法	可重复再生利用；无二次污染	投资费用大，操作管理复杂，中小型企业难以适应；离子交换剂表面易受有机质污染
微生物法	环境友好；成本较低；过程简单便于控制	菌体生长环境要求苛刻；耗时长，难以连续工业化操作
吸附法	操作简便、装置简单；吸附材料适合处理高、低浓度水样；不产生二次污染；可重复使用	吸附材料制备过程产生大量有毒有机溶剂、成本较大

1.4　聚丙烯（PP）熔喷纤维及改性

1.4.1　PP 熔喷纤维

聚丙烯（PP）是世界五大通用塑料之一，根据 2019 年中国五大通用塑料产能占比可知，PP 的产能占比（34%）最大，相比于其他四种通用塑料（聚氯乙烯、聚乙烯、聚苯乙烯、丙烯腈-丁二烯-苯乙烯），PP 是最轻的通用塑料，强度、耐腐蚀性、透明性和可加工性均较好。因此，PP 虽然发展历程较短，却是发展最快的一种，2020 年国内 PP 总产量累计 2 582 万 t，相较 2019 年的 2 228 万 t 增长 354 万 t，涨幅 15.9%。

PP 树脂可以作为母料纺丝成纤维，常用的纺丝工艺分为三大类：一是熔体纺丝，包括熔体直接纺丝、切片纺丝、熔喷纺丝等；二是溶液纺丝，包括溶液纺丝、凝胶纺丝等；三是电纺丝。相比于其他纺丝工艺，熔喷纺丝工艺具有操作简单、能耗低、环境友好、可规模化生产等优点而受到广泛关注。熔喷工艺基本原理是将母料加入进料口后，通过螺杆区的熔融挤出，经计量泵将熔体精确输送至模头系统，由喷丝孔挤出，在模头两侧高速、高压热空气的牵引、拉伸作用下形成超细纤维，均匀地收集在接收装置上，依靠自身热黏合成为熔喷非织造纤维。图 1-8 为熔喷法制备 PP 纤维的装置示意图及主要参数。

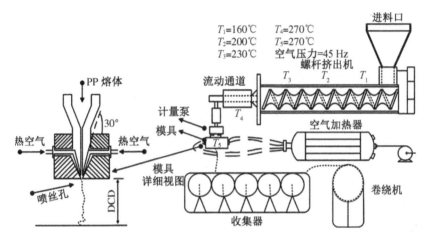

图 1-8　熔喷法制备 PP 纤维装置示意图及主要参数

基于熔喷纺丝制备的 PP 纤维细度小、孔隙度大且呈三维网状结构，根据本课题组先前研究，在最佳熔喷参数条件下，平均纤维直径可达 3 μm，孔隙率达 99%。此外，PP 熔喷纤维还具有一定化学惰性、无毒和良好的加工性等特点，具有广泛的应用前景。例如：

（1）医疗卫生材料（Kong et al.，2014）。熔喷无纺布纤维的发明初衷就是作为一种过滤材料，是美国海军实验室最初为了收集大气上层的放射性微粒而开发出的一种具有超细过滤效果的材料。因此，PP 熔喷纤维常和其他材料复合制成医疗卫生用品，如防护服、口罩、手套等，可以阻隔带有病毒细菌的血液等侵入人体，有效地防止对人的感染。

（2）吸油材料（Guo et al.，2016）。吸附材料吸附油类物质主要基于两种方式：一是依靠吸附材料丰富的孔隙结构，通过毛细管力作用，将油类物质保留在孔隙间；二是通过吸附材料本身的亲油基团，以范德华力的作用将油类物质吸附在材料表面。PP 熔喷无纺布纤维细度小，外比表面积大，具有丰富的孔隙结构，且本身具有亲油基团结构，因此，PP 熔喷纤维是国际公认的最佳吸油材料，被列入很多国家漏油紧急处理手册，更是远洋轮船的必备应急材料（黄景莹，2011）。

（3）保暖材料（Yang et al.，2016）。PP 熔喷纤维细度小、孔隙率大，因而具有良好的抗风能力，且透气性良好，质量轻，是一种十分理想的保暖材料。例如。美国 3M 公司开发以熔喷纤维为主体的保暖材料，其基本构成为 65％左右的 PP 熔喷纤维和 35％的 PET 纤维，保暖性是羽绒的 1.5 倍。

综上所述，PP 熔喷纤维具有价廉易得、化学性质稳定、外比表面积大、水通量大等优点，在吸油领域是十分优良的吸附材料。但是，PP 本身非极性、不亲水，且表面不含重金属配位基团（Li et al.，2013；Wang H et al.，2014），致使 PP 纤维不能对水中重金属进行吸附，包括 Cr（Ⅵ）。因此，需要对其进行表面改性。

改性的突破点主要有二：一是在 PP 大分子链段表面引入亲水性基团，否则，水中重金属无法传质到纤维表面，不能被吸附；二是引入含有能与重金属离子配位的元素的功能基团。根据 Pearson 的软硬酸碱理论（Pearson，1963）和晶体场理论（Leavitt，1982），电负性较大的含有 N 或 O 等功能基团的化合物属于硬碱，容易与 Cr（Ⅵ）、Co（Ⅲ）、Fe（Ⅲ）等硬酸和 Pb（Ⅱ）、Sn（Ⅱ）、Cu（Ⅱ）等交界酸结合；而电负性较小的含有 S 或 P 等功能基团的化合物属于软碱，容易与 Ag（Ⅰ）、Cd（Ⅱ）、Hg（Ⅱ）等软酸结合。

1.4.2　PP 改性概述

对 PP 基材料的改性方法可以分为物理改性和化学改性，其中物理改性主要以共混和掺杂为主；化学改性则主要以接枝、聚合为主，通过 PP 分子链上引入极性支链，利用支链的极性和功能性，改善 PP 的亲水性，增大其对重金属离子的吸附性能。因此，接枝改性是赋予 PP 功能性最有效的方法，常用的改性方法主要有以下几种：

（1）熔融接枝（韦良强 等，2016；王鉴 等，2015）

熔融接枝是目前工业化程度最高的接枝改性方法。具体接枝过程是接枝温度在 PP 熔点之上，将 PP 和单体一起熔融挤出，引发剂在高温下分解成自由基引发接枝反应。熔融接枝操作简单，操作过程无有毒有害有机溶剂，因而便于规模化连续生产，广泛应用于各个加工领域。但是，熔融接枝反应温度高，能耗大，通常在 200 ℃以上，导致降解严重，对产物分子量分布和力学性能影响较大。

（2）溶液接枝（胡海东 等，2004）

溶液接枝法是将 PP、接枝单体和引发剂溶解在溶剂中进行均相反应。常用的溶剂是二甲苯，因为二甲苯能很好地溶胀 PP 表面非晶型区域；使用过氧化物等油溶性引发剂，如 BPO 等，单体也为油溶性单体，如丙烯酸、甲基丙烯酸缩水甘油酯等。溶液接枝体系黏度低，接枝过程传热、传质效率高，反应条件相对容易控制，降解程度低。但是，溶液接枝的缺点是接枝反应时间长，消耗大量有毒有害的有机溶剂，环境不友好。

（3）固相接枝（Hong et al.，2013；刘太闯 等，2015）

固相接枝是反应时将固相 PP 与单体混合，在较低温度下通过引发剂引发接枝聚合。通常固相接枝可以在常压下进行，反应设备简单，能耗较低，所得产物接枝率也较高，并且反应结束后一般不需要回收溶剂和单体，对环境影响小。但是，固相接枝反应主要在 PP 颗粒表面发生，对原料表面积要求高，同时反应中会出现物料黏结，导致传热和反应不均匀，产品质量受到影响。

（4）放射线辐照接枝（邵禹通 等，2016；Kong et al.，2016）

放射线辐照接枝法是利用高能射线（如电子束、γ 射线、紫外光等）在 PP 表面产生若干活性中心，这些活性中心通常为自由基，再由这些自由基引发单体接枝聚合。可以将其划分为共辐照接枝和预辐照接枝。放射线辐照接枝法比其它化学接枝法更易掌控，在室温甚至低温下也可接枝聚合。但是，放射线辐照接枝法容易在 PP 表面接枝改性的同时伤及聚合物内部。

综上所述，传统的接枝改性方法存在明显不足，例如化学修饰法产生有毒试剂、清除试剂残留物困难、降解严重等；放射线辐照接枝法会在表面改性的同时伤及聚合物内部；其他方法如表面涂覆法较难形成稳定的表面复合结构等，这些均限制了对 PP 基材料的进一步发展。近些年发展较新的改性方法，等离子聚合和悬浮接枝具有反应过程使用少量溶剂甚至无溶剂、接枝率高、效率高、反应温和、PP 基体不降解等特点而逐渐成为研究热点。

1.5 壳聚糖（CTS）材料及改性

1.5.1 壳聚糖

壳聚糖（CTS）来源广泛（许可，2019；Roberts，1992），日常生活中随处可见。壳聚糖的分子式如图 1-9 所示。

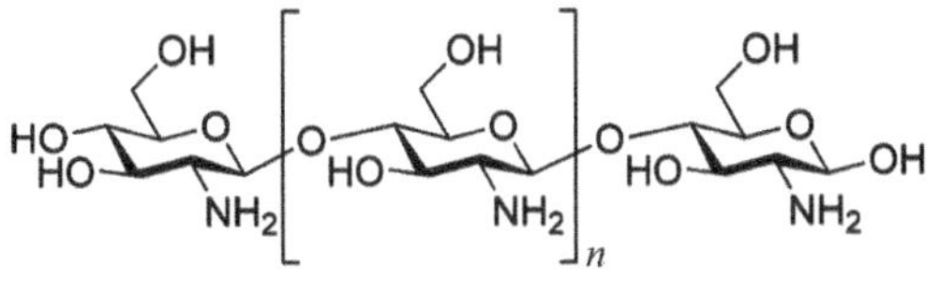

图 1-9 壳聚糖分子式

1.5.2 壳聚糖理化性质

（1）物理性质

壳聚糖因原料和制备工艺的不同，导致脱乙酰度的不同，壳聚糖的相对分子质量也不同。在常态下，壳聚糖在溶解性方面存在缺陷，除了一部分无机酸和有机酸，很难溶于其他溶剂。

黏度和脱乙酰度是壳聚糖两项重要的性能指标（周耀珍，2014）。低黏度壳聚糖是指黏度在 0.1 Pa·s 以下，高黏度壳聚糖的黏度比低黏度的高出 10 倍，而中黏度壳聚糖的黏度在 0.1~1 Pa·s（杜予民，2000）。

（2）化学性质

壳聚糖是氨基多糖中的一种，可以通过化学修饰其上活性官能团得到许多新化学物质。众多学者对壳聚糖进行了大量的应用和基础研究，壳聚糖作为一种具有可降解性的高分子，被广泛地应用在水处理、化妆品、医药等众多领域。

壳聚糖分子链上有—NH_2 和—OH 两种活性官能团，—NH_2 的活性大于—OH。对这两种官能团改性后可以形成不同结构和不同性能的化合物，大大拓展了壳聚糖的应用领域。

1.5.3 壳聚糖改性

Muzzarelli 于 1969 年首发关于壳聚糖对重金属离子吸附性能研究的文献。—NH_2 和—OH 可以通过酰基化、烷基化、交联、接枝和其他进行改性。改性的目的是为了改变壳聚糖的分子结构和特性，增强其吸附性能、机械强度及化学稳定性（吕晓华，2019）。

1.5.3.1 酰基化改性

酰基化是指在—NH_2 或—OH 上发生 O—酰化或者 N—酰化反应，O—酰化经常与 N—酰化两者同时发生。壳聚糖分子链中—NH_2 的活性大于—OH，酰化反应后得到 N—酰化产物。如果要合成 O—酰化产物，首先应在保护—NH_2 官能团的情况下，在—OH 上发生酰化反应，再洗脱保护基即可得到 O—酰化产物（Danwanichakul et al.，2008；Shimizu et al.，2004）。

1.5.3.2 烷基化改性

烷基化反应是指壳聚糖中—NH_2 的席夫（Schiff）反应和 N—烷基化反应。N—烷基化反应是指壳聚糖中的—NH_2 和卤代烷进行化学反应，生成 N—烷基。壳聚糖经过改性后产生的 N—烷基化合物，可引入亲水基团—OH，提高其吸附能力。同时壳聚糖烷基化合物还能与土壤中重金属离子螯合形成环状螯合物，提高其吸附能力。Kojima 等（1979）等研究了三丁基硼烷作为引发剂对壳聚糖与甲基丙烯酸甲酯反应的影响。

壳聚糖可以与某些醛发生 Schiff 反应形成壳聚糖 N—衍生化合物，使得吸附效果更加显著。Sun 等（2006）等利用戊二醛与壳聚糖交联反应，发现在室温条件下，pH=5 时，材料在共存离子混合废液中对 Cu^{2+} 的吸附量可达 2.10 mmol·g^{-1}。Cao 等（2001）等在微波作用下制备了戊二醛改性壳聚糖，研究了其对 Cu^{2+}、Co^{2+}、Ni^{2+} 的吸附效果，研究结果表明，改性的壳聚糖对 Cu^{2+}、Co^{2+}、Ni^{2+} 均有较好的吸附能力。

1.5.3.3　交联改性

壳聚糖的交联改性会导致活性基团数量的减少，降低其对重金属的吸附能力，但能够改善选择性能力（刘斌 等，2003）。国内外学者采取先对壳聚糖的活性基团进行保护，再采用交联剂对其交联改性，最后去除保护基团的方法对壳聚糖进行交联改性。如贾荣仙等（2018）采用甲酰氯对壳聚糖的氨基官能团进行保护，利用戊二醛对酰化反应的壳聚糖进行交联改性，最后用氢氧化钠溶液脱去保护基团，保证了壳聚糖对重金属的吸附能力，又提高了其选择性吸附及稳定性。朱贝贝等（2013）利用反相乳液聚合法制备新型壳聚糖材料，研究发现，材料对重金属 Ni^{2+} 性能的吸附效果主要受交联度的影响。

1.5.3.4　接枝改性

接枝反应可将对重金属有吸附或者有螯合作用的基团接枝到分子链上，从而改善其吸附性能。壳聚糖的接枝改性一般采用辐射和化学两种方法。

唐星华（2008）对壳聚糖进行接枝，研究所制备的壳聚糖基衍生物对 Zn^{2+}、Cu^{2+}、Cd^{2+} 的吸附效果，结果表明，接枝反应后的材料对 Zn^{2+}、Cu^{2+}、Cd^{2+} 有较高的吸附量，且 $Zn^{2+} > Cd^{2+} > Cu^{2+}$；吸附量受 pH 的影响较大，当 pH＝5.5 时，对 Zn^{2+}、Cu^{2+}、Cd^{2+} 的吸附量达到最大；吸附量随着吸附时间的增长而增大，其中对 Cd^{2+}、Cu^{2+} 的吸附在 4 h 达到吸附饱和状态，吸附容量分别为 80.75 mg·g^{-1} 和 88.75 mg·g^{-1}，对 Zn^{2+} 的吸附在 2 h 达到饱和，吸附容量为 103.62 mg·g^{-1}。侯明等（2006）在交联改性的壳聚糖分子链上接枝丙烯腈单体，研究接枝改性壳聚糖对重金属 Cd^{2+}、Pb^{2+} 的吸附性能，结果表明，当 pH＝6.0 时，对 Cd^{2+}、Pb^{2+} 的吸附率分别为 94% 和 95%，吸附量分别为 55.6 mg·g^{-1} 和 46.8 mg·g^{-1}。

1.5.3.5　其它改性

壳聚糖的其它改性方法包括季胺化改性、羧基化改性和杂环改性等。季胺盐基团可提高其生物降解性和絮凝能力。目前，学者认为制备壳聚糖季胺盐的方法有两种：一是壳聚糖分子链上的活性官能团—NH_2 直接与卤代烷反应；二是壳聚糖与含有环氧烷烃的季胺盐反应。池伟林（2007）制备羟丙基三甲基胺壳聚糖，研究 pH 对壳聚糖季胺盐产率及溶解性的影响。蔡照胜等（2005）利用阳离子季铵化剂与 CTS 反应，得到 2-羟丙基三甲基壳聚糖季胺盐，研究废水的 pH、浓度对 Cr（Ⅵ）的吸附性能，实验发现，当 CpHB＝100 mg·L^{-1} 时，去除率最大为 94%。

羧基化改性是指壳聚糖分子链上的氨基和 C_6 位置上的羟基官能团与氯代烷酸或乙醛酸发生反应。羧基化改性一方面可以提高壳聚糖的可溶性；另一方面可以大量引入羟基、氨基和羧基等活性基团，提高其对重金属离子的吸附能力（袁文 等，2007）。李富兰等（2016）采用 α-酮戊二酸和氯乙酸对壳聚糖进行改性，探究材料的吸附特性，结果表明，羧基化壳聚糖对 Cu^{2+}、Ag^+ 和 Cd^{2+} 具有高效吸附性，最大吸附量分别为 0.034 5 mg/mL、

0.011 7 mg/mL 和 0.104 8 mg/mL。杜凤龄（2015）通过改性制备出二硫代羧基化壳聚糖，研究其对重金属 Cu^{2+}、Pb^{2+}、Cd^{2+}、Ni^{2+} 的吸附性能，结果表明，二硫代羧基化壳聚糖对 Cu^{2+}、Pb^{2+}、Cd^{2+} 吸附能力较好，去除率可达 100%；但是对 Ni^{2+} 吸附效果不佳，去除率仅为 86.16%。

杂环改性是指壳聚糖分子链上的活性官能团—NH_2 和—OH 与各种杂环化合物发生化学反应。Elwakeel 等（2009）利用 2-苯并咪唑对壳聚糖改性，吸附过程发现材料对重金属 Cu^{2+}、Pb^{2+}、Cd^{2+}、Cr^{6+} 的吸附性能优异。曾涵和周利民等学者（曾涵 等，2009；周利民 等，2007）研究发现杂环改性的壳聚糖对重金属离子也具有良好的吸附性能。

1.6 等离子体改性技术及应用

1.6.1 等离子体基本概念

物质由分子构成，分子由原子构成，原子由带正电的原子核和围绕它且带负电的电子构成。当物质的温度由低到高变化时，物质将经历固态、液态和气态三种状态，当给与该物质粒子足够高的能量时，原子的外层电子脱离原子核的引力束缚成为自由电子，此时物质就变成了带正电的原子核和带负电的电子，此过程就是电离，这些带电粒子正负电荷总量相等，所以称为等离子体，也被视为物质的第四态。等离子体占据了宇宙空间的 99%，从电离层到宇宙深处物质几乎都是电离状态。但是，地球表面几乎没有自然存在的等离子体，只能通过闪电、实验室气体放电等方式产生等离子体（胡希伟，2006）。

1.6.2 等离子体分类及产生方式

等离子体按照粒子温度分类可以分为热平衡等离子体和非平衡等离子体。当电子温度等于重粒子温度时为热平衡等离子体，即把物质无限长时间放置于某种气氛下，最终达到的一种状态，其特点是电子温度高，离子、中性原子温度也高。当电子温度远大于重粒子温度时为非平衡等离子体，通常是对高真空气体采用射频、微波等进行辉光放电或者常压气体采用电晕放电产生，其特点是电子温度高达 10^4 K 以上，而离子、中性原子温度为 300 K 左右，故又称低温等离子体。

等离子体的产生方式主要有辉光放电、电晕放电、介质阻挡放电、射频放电等。辉光放电也称高频放电，是指在适当的低气压下，施加一定的电压使气体击穿而产生的稳定放电现象，产生的等离子体非常均匀，放电的状态呈现雾状，可以根据需求选择不同的反应气体，如氩气、氧气、氮气等，不同的气体放电都会有相对应颜色的光产生。

1.6.3 等离子体表面改性

当聚合物暴露于等离子体场中时，其表面会受到高能离子、电子、自由基、中性粒子和紫外光子等粒子的轰击，这些粒子具有不同的能量（表 1-3），略高于典型聚合物化学键解离能（表 1-4），因此等离子体具有合适的能量使材料表面的化学键断裂或重组，最终实现表面深度 10 nm 左右的改性。改性效果取决于聚合物本身性质和工作气体的不同，不同的气体产生特有的等离子组成，导致不同的表面性质。例如常利用氧气、氩气、氮气和氦气的烧蚀或刻蚀作用对聚合物表面进行活化。

表 1-3 辉光放电中粒子的能量

粒子种类	能量/eV
Electrons（电子）	0～20
Ions（离子）	0～2
Metastables（亚稳态）	0～20
UV/Visible（可见）	3～40

表 1-4 聚合物化学键解离能（刘洋，2010）

化学键	解离能/eV
C—C	3.61
C=C	6.35
C=C（π键）	2.74
C—H	4.30
C—N	3.17
C=N	9.26
C—O	3.74
C=O	7.78
C—F	5.35
C—Cl	3.52
N—H	4.04

总体来看，等离子体对聚合物表面主要有四种改性作用（Jelil，2015）：

（1）清洁作用

传统清洁过程主要利用有机溶剂、强酸强碱、表面活性剂等及其混合物，通过溶解、挥发、腐蚀和化学反应等方法，实现去除聚合物表面的污物，如油脂、氧化物等。等离子体表面清洁优势十分明显：

① 清洁过程是干式工艺，无需干燥，提高处理效率；

② 清洁过程避免使用氟利昂、三氯乙烷等有害有机溶剂，绿色环保，也不会破坏聚合物整体结构；

③ 清洁过程不受聚合物形状、大小等制约，可以深及聚合物内部完成清洁，效率大大提高。

氩气因具有清洁效率高、对聚合物具有化学惰性、成本低等优点（Garcia et al.，2010），成为等离子体清洁最常用的工作气体。

（2）刻蚀作用

等离子表面刻蚀包括通过物理刻蚀和能生成挥发产物去除聚合物表面物质的化学刻蚀。等离子体刻蚀精度可达到头发丝直径的几千分之一到上万分之一。常用的惰性气体包括氩气、氦气、氮气等，刻蚀速率取决于工作参数（功率、气体、流量等）和聚合物本身性质（Matthews et al.，2004）。

（3）活化作用

在非聚合性气体等离子体场中，高能粒子轰击聚合物表面，打断共价键，产生自由基，继而在空气中生成羧基、羟基、羰基等功能基团，通过改变基体表面能赋予其特殊性质。例如：氧气等离子体能增加聚合物表面极性和亲水性；四氟化碳等离子体能增大聚合物表面的疏水性，使其具有抗污性（Thurston et al.，2007）。

（4）聚合作用

等离子体聚合是气相化学沉积的一种形式，液态有机单体（前驱体，包含几乎所有能汽化的有机物质，无需双键）转化成气态，送入电场使其等离子体化，产生活性物种，轰击基底表面化学键形成活性位点，单体碎片能重新结合至任何暴露于等离子体场的基底表面，从而引发聚合物沉积（聚合反应）。聚合基底材料可以是任意形状、大小和化学结构。通常聚合初始阶段，聚合产物像岛屿状生长（针孔结构），随后形成层状物质致密地覆盖在表面。

目前，关于 PP 纤维通过等离子聚合改善其表面性质的文献较少，其它聚合物通过等离子聚合改性的报道较多，例如 Wang 等（2014）以不锈钢圆片作为基底，以 1，1，1，2-四氟乙烷作为功能单体，通过 RF 等离子体聚合方式制备碳氟薄膜以加强基底疏水性，结果表明静态水接触角可达到 150°。Juang 等（2016）以 PP 膜作为基底，以甲烷/氧气作为功能单体，通过 RF 等离子体聚合方式来改善 PP 膜亲水性，结果表明静态水接触角从初始的 146°降至 50°以下。Akhavan 等（2015）以二氧化硅颗粒为基底，以噻吩作为功能单体，通过 RF 等离子体聚合方式将—SO_x（H）基团引入二氧化硅颗粒表面以赋予其吸附性能，结果表明改性后二氧化硅颗粒在 1 h 内铜和锌的去除率达到 96.7%。

综上，等离子体聚合相比于传统的湿法化学聚合，具有绿色环保、不使用有机溶剂、效率高等特点，是一种十分有前景的表面改性方法。

1.7　悬浮接枝改性技术及应用

悬浮接枝法是 1990 年代逐渐发展起来的一种新型接枝共聚技术。该方法通常以水作为分散介质，以聚合物颗粒作为分散相，在机械搅拌剪切力的作用下形成悬浮体系，每个悬浮聚合物颗粒可视为一个独立的"反应床"，在"反应床"中，功能单体在引发剂的作用下对聚合物进行接枝聚合。

对于 PP 来讲，接枝聚合反应主要在 PP 无定形区域进行，因此，适当增大 PP 的无定型区域有助于接枝聚合反应的进行。例如通过骤冷处理可以使 PP 的非晶型区增大（魏无际 等，2005）。此外，在悬浮接枝过程中，需要加入少量的界面剂，如苯系物。一是对于 PP 来讲，悬浮接枝通常是为了改善 PP 的非极性而采用极性单体，而极性单体与 PP 溶度参数相差较大，传质困难，因此加入界面剂苯系物溶剂可以溶胀 PP 的无定型区，来加强传质过程和反应界面；二是对于 PP 来讲，通常使用油溶性引发剂，如过氧化苯甲酰等，因此加入界面剂也有助于引发剂的传质过程。这种情况下，界面剂对 PP 进行溶胀使引发剂和单体顺利进入 PP 内部进行接枝聚合，接枝单体部分溶解在水中，通过 PP 被溶胀产生的界面层向 PP 内部扩散参与接枝聚合，这样使得在聚合过程中，界面层内单体浓度始终保持在较低水平，从而缓解了均聚、交联等副反应的程度。悬浮接枝聚合产物接枝率高，反应过程温和，具有良好的传热性能，副反应少，只有少量溶剂需要回收，产物后处理简单，因此近年来发展迅速。

近年来通过悬浮接枝改性 PP 的文献较少，主要有：周清等（2015）以水为分散介质，以二甲苯为界面剂，以过氧化苯甲酸叔丁酯为引发剂，悬浮接枝马来酸酐，大大改善了 PP 的亲水性，并对铜离子有很好的吸附效果。Li 等（2015）以水为分散介质，以过氧化苯甲酰为引发剂，悬浮接枝丙烯酸丁酯；Li 等（2013）以水为分散介质，以丙酮为界面剂，以氧化苯甲酰为引发剂，悬浮接枝甲基丙烯酸甲酯，该接枝产物能够作为 PP/ASA 混合物的相容剂。赵丹（2017）为了改善 PP 韧性差的缺点，以丙烯酸丁酯为接枝单体，聚丙二醇二甲基丙烯酸酯为交联单体，通过悬浮接枝改性，结果表明，接枝产物的缺口冲击强度是未改性 PP 的 2.6 倍。

1.8 分子印迹技术

1.8.1 分子印迹技术发展及原理

分子印迹技术（Molecular Imprinting Technique，MIT）是指制备对特定目标分子具有专一识别性能的聚合物技术，是根据抗原-抗体作用机理，结合生物化学、结构化学和材料化学等领域发展起来的边缘交叉学科（傅骏青 等，2016；Fu et al.，2015）。

分子印迹技术起源于免疫学说，早在 1930 年代，科学家就提出抗原入侵生物体内产生抗体的理论。随后诺贝尔奖获得者 Pauling 对此做了进一步的阐述，为分子印迹技术概念的提出奠定了基础。分子印迹技术的概念在 1931 年萌芽，乌克兰科学家 Polyakov（1931）提出 "unusual adsorption properties of silica particles prepared using a novel synthesis procedure"，即用一种创新的方法制备具有特殊吸附性能的硅胶颗粒，这种 "特殊吸附性能" 的概念为此后印迹技术的蓬勃发展铺好了道路。Dickey（1949）首次提出了分子印迹的概念，他在有机染料存在的情况下对硅酸进行沉淀、干燥并去除有机染料后，得到的干凝胶对这种有机染料的吸附量大大增加，并且吸附过程是可逆的，但是他的这项研究并未受到广泛关注。此后该技术的蓬勃发展要归功于德国科学家 Wulff 课题组（Takagishi et al.，1972），在 1970 年代早期，他们提出了共价键印迹和非共价键印迹的方法分类。1976 年，离子印迹聚合物首次由 Nishiede 课题组合成出来，他们以铜离子、铁离子、钴离子、锌离子、镍离子和汞离子为模板，以聚 4 乙烯吡啶和 1，4-二溴丁烷为功能单体，在交联剂的作用下聚合（Nishiede et al.，1976）。此后，离子印迹技术被认为是分子印迹技术最重要的一个分支。1979 年科学家 Sagiv（1979）以二氧化硅颗粒为基体，用聚硅氧烷对其表面功能化，并首次合成了表面印迹聚合物。随后在 1993 年，瑞典科学家 Vlatakis 等（1993）首次在 *Nature* 上发表了关于茶碱印迹聚合物制备，至此分子印迹聚合物受到前所未有的广泛关注。1997 年，国际分子印迹协会（Society for Molecular Imprinting）在瑞典成立。1999 年，Sreenivasan 等提出同时制备双识别聚合物，即水杨酸和皮质醇为模板，功能单体为甲基丙烯酸羟乙酯。近二十年，印迹聚合物广泛地合成出来，应用于很多领域，如仿生传感器、催化、分离提纯、痕量分析等。在 2014 年，首个质子印迹聚合物被报道，这是离子印迹聚合物更进一步的发展（Hoshino et al.，2014）。印迹技术发展过程如图 1-10 所示。

分子印迹技术的基本原理是：当模板分子（即目标分子）与功能单体接触时会以化学键的形式形成多重作用位点，"模板分子-功能单体" 的聚合作用会被记忆下来，当模板

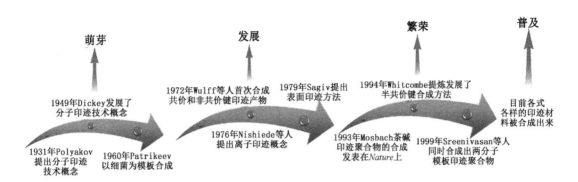

图 1-10　印迹技术发展过程（Fu，2015）

分子去除后，聚合物中就形成了与模板分子空间构型、大小等相一致的具有多重作用位点的印迹空穴，该印迹空穴对目标分子具有高度的选择识别性。因此，印迹聚合物具有三大特性：①结构设计性；②特异识别性；③应用广泛性。

1.8.2　离子印迹聚合物

离子印迹聚合物作为分子印迹聚合物最重要的一个分支，其制备基本原理与分子印迹聚合物相似，但有不同。在分子印迹技术中，按照模板分子和功能单体之间的作用力可以分为共价型、非共价型和半共价型三种（Wulff et al.，1995；Andersson et al.，1984；Whitcombe et al.，1995）。其中，共价型分子印迹聚合物中模板分子与功能单体之间作用力强，稳定性高，但是因此识别过程中动力学缓慢，洗脱模板分子条件苛刻。而非共价型分子印迹聚合物中模板分子与功能单体形成的配合物结构不稳定，非特异性吸附多。但是在离子印迹技术中，金属模板离子通过螯合配位作用与功能单体相结合，这种配位作用相对于分子印迹技术中非共价型作用具有足够的稳定性，同时可以通过环境条件的改变控制配位作用的结合与断裂。

离子印迹聚合物的制备主要由以下三部分组成（图 1-11）：①单体和模板离子形成配合物；②对"单体-模板离子"配合物进行聚合反应；③去除模板离子。得到的离子印迹聚合物具有和模板离子大小、形状等高度一致的印迹空穴。

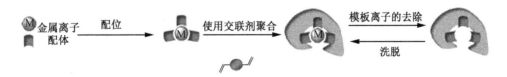

图 1-11　离子印迹技术基本原理（傅骏青，2016）

制备性能好的离子印迹聚合物与许多因素有关，包括模板离子、功能单体和交联剂等的选择。制备离子印迹聚合物一般需要以下几个部分：

（1）模板离子

根据所需要识别的离子及应用的领域不同，很多离子均被用来制备离子印迹聚合物，图1-12中标记白色圆点的元素为已有制备离子印迹聚合物的文献报道。

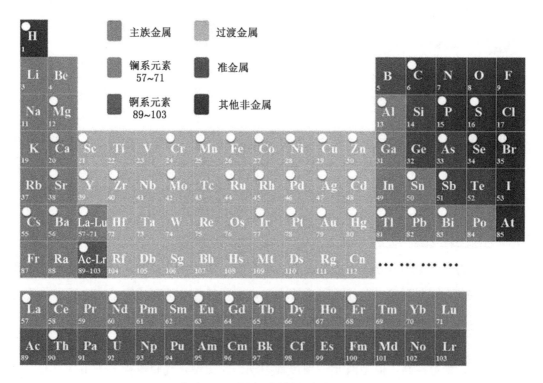

图1-12 制备离子印迹聚合物的模板元素（Fu et al.，2015）

（2）功能单体

功能单体相当于离子印迹聚合物的骨架材料，是制备过程中的重要原料。功能单体必须有以下特征：①含有能与金属离子螯合配位的功能基团；②含有能与交联剂反应的功能基团以形成三维空穴结构。常见的功能单体有丙烯酸、甲基丙烯酸、乙烯吡啶、甲基丙烯酸羟乙酯等；这些功能单体均含有 O 或者 N 元素能与金属离子配位，也含有能交联共聚的双键，形成三维骨架结构。近些年，部分研究人员自己合成功能单体，使其具有独特的性能，如 Monomer L（Buica et al.，2009）、T-IPTS（Xu et al.，2012）、CPMA（He et al.，2007）、2, 4-dioxopentan-3-yl methacrylate（Zhang et al.，2013）等。

（3）交联剂和引发剂

交联剂的作用很重要，不仅有固定识别位点的作用，也会对聚合物的机械稳定性、孔隙度有影响。交联程度过大，致使印迹离子内外扩散受交联网络的限制，传质动力学不理想，且消耗有效功能基团，目标离子吸附量低；交联程度过小，识别空穴稳定性差，则选择性较差。常用的交联剂有乙二醇二甲基丙烯酸酯、环氧氯丙烷（ECH）、戊二醛（GA）、二乙烯三胺（DETA）等。

引发剂的作用是引发功能单体聚合形成骨架聚合物，因此选择引发剂需要考虑到单体的聚合方式、温度，包括引发剂的储存运输安全等。不同的聚合方式采用不同的引发剂，本体聚合和悬浮聚合就适用于油溶性引发剂，如过氧化苯甲酰、偶氮二异丁腈等；溶液聚合和乳液聚合更适用于水溶性引发剂，如过硫酸钾、过硫酸铵等。

传统离子印迹聚合物的制备方法主要分为溶胶-凝胶法（逐步聚合）和自由基聚合法（链增长聚合）。其中自由基聚合法包括本体聚合法（Khajeh et al.，2007；Otero-Romani et al.，2009）、乳液聚合法（Zhang et al.，2014）、悬浮聚合法（Tan et al.，2007）和溶液聚合法（Ye et al.，2001）等。本体聚合法制备出块状、整体性材料，而均相聚合（溶胶凝胶法）和非均相聚合（悬浮聚合、乳液聚合、溶液聚合）等均能产生规则形状的聚合物。传统方法制备的印迹聚合物具有印迹离子传质慢、识别慢、模板离子去除不彻底、碾碎过程中识别空穴坍塌等缺点。

除了上述传统离子印迹聚合物的制备方法，近年来发展最多的其他方法有表面印迹、刺激相应印迹、多目标离子印迹、微波辅助印迹等方法。笔者所制备的印迹聚合物为表面印迹聚合物。而表面印迹技术制备的聚合物能在一定程度上改善并解决传统制备方法存在的问题，表面印迹聚合物具有"核-壳"结构，印迹识别位点能分布在"壳"表面，改善了印迹离子在聚合物内部的扩散和洗脱慢的问题。目前，文献中最常见的"核"基底材料有二氧化硅颗粒（Dakova et al.，2012）、壳聚糖颗粒（Li et al.，2008）等。

1.8.3 离子印迹聚合物在 Cr（Ⅵ）去除领域的应用

根据 1.3 节所述，吸附法在 Cr（Ⅵ）处理中具有工艺简单、成本低、适用范围广等特点。但目前工业 Cr（Ⅵ）废水成分越来越复杂，往往不只有 Cr（Ⅵ）单一离子存在，因此，离子印迹聚合物的优势凸显，该类材料不仅具有普通吸附材料的特性，还具有稳定性好、选择性高等特点。

近年来，关于印迹材料用于 Cr（Ⅵ）去除领域的报道不多，例如：Bayramoglu 等（2011）等通过本体聚合，以 4-乙烯吡啶和甲基丙烯酸羟乙酯为共聚单体，合成 Cr（Ⅵ）印迹颗粒，结果表明：合成产物对 Cr（Ⅵ）吸附量为 3.31 mmol·g^{-1}，在有 Cr（Ⅲ）和 Ni（Ⅱ）离子存在时，Cr（Ⅵ）吸附量可分别达到 13.8 倍和 11.7 倍，具有良好的选择性。Tavengwa 等（2013）通过溶胶凝胶法，以 4-乙烯吡啶为功能单体，合成季胺化聚 4-乙烯吡啶磁性印迹颗粒，结果表明：合成产物对 Cr（Ⅵ）吸附量为 6.2 mg·g^{-1}，相比于非印迹材料，印迹材料在有硝酸根、氟离子、硫酸根等阴离子存在下对 Cr（Ⅵ）的吸附选择性高。Ren 等（2014）通过本体聚合，分别以八种不同类型功能单体（包括酸性、中性和碱性单体），即 4-乙烯吡啶、2-乙烯吡啶、丙烯酰胺、甲基丙烯酸、2-甲基丙烯酸羟乙酯、氨乙基甲基丙烯酰胺、N-乙烯基-2-吡咯烷酮和 1-乙烯基咪唑，合成 Cr（Ⅵ）印迹颗粒，结果表明：以 4-乙烯吡啶为单体制的印迹颗粒，Cr（Ⅵ）吸附量最高，可达到 338.73 mg·g^{-1}，Cr（Ⅵ）选择系数在 Cr（Ⅵ）/Cu（Ⅱ）和 Cr（Ⅵ）/Cr（Ⅲ）组分中可分别达到 189.05 和 96.56。研究详见表 1-5。

表 1-5　近年关于 Cr（Ⅵ）印迹材料的文献报道

聚合方式	单体	产物形态	吸附条件	Cr（Ⅵ）吸附量	Cr（Ⅵ）选择性	参考文献
本体聚合	4-VP、HEMA	颗粒	pH=4、25℃	3.31 mmol·g^{-1}	13.8 倍于 Cr（Ⅲ）、11.7 倍于 Ni（Ⅱ）	Bayramoglu et al.，2011
溶胶凝胶	4-VP、Fe$_3$O$_4$	颗粒	pH=4、室温	6.2 mg·g^{-1}	高于 SO$_4^{2-}$、NO$_3^-$、F$^-$	Tavengwa et al.，2013
本体聚合	4-VP	颗粒	pH=2.5、室温	338.73 mg·g^{-1}	96.56 倍于 Cr（Ⅲ）、189.05 倍于 Cu（Ⅱ）	Ren et al.，2014
表面沉淀聚合	4-VP、2-HEMA	碳纳米管	pH=3、25℃	56.1 mg·g^{-1}	16.39 倍于 Ni（Ⅱ）、12.32 倍于 Cu（Ⅱ）	Taghizadeh et al.，2017
羧基胺化反应	羧甲基纤维素钠、乙二胺	颗粒	pH=2、25℃	177.62 mg·g^{-1}	高于 SO$_4^{2-}$、NO$_3^-$、F$^-$、PO$_4^{3-}$	Velempini et al.，2017
本体聚合	4-VP、DEAEM	颗粒	pH=2、25℃	286.56 mg·g^{-1}	69.91 倍于 Cr（Ⅲ）、135.78 倍于 Cu（Ⅱ）	Kong et al.，2014
乳液聚合	2-甲基丙烯酰胺组氨酸（自合成）	纳米颗粒	pH=4、25℃	3 830.58 mg·g^{-1}	3.5 倍于 Cr（Ⅲ）	Uygun et al.，2013

1.9　本书主要研究内容

随着工业化进程的快速推进，环境污染带来的危害受到全球广泛关注。重金属离子污染问题长期困扰人类社会，其中在多种重金属离子中以六价铬［Cr（Ⅵ）］的毒性最强，Cr（Ⅵ）化合物已经被我国列入《优先控制化学品名录（第一批）》和《有毒有害水污染物名录（第一批）》，属于Ⅰ类致癌物质。Cr（Ⅵ）具有高水溶性、阴离子结构相似性和强氧化性等特点，若水中 Cr（Ⅵ）未经处理或者处理不达标排放到环境中，能通过食物链的累积对人体造成巨大危害，因此 Cr（Ⅵ）在世界各国均被列为第一优先控制污染物之一，去除废水中 Cr（Ⅵ）的问题迫在眉睫。

目前最常用处理 Cr（Ⅵ）的方法为化学沉淀法，但是该方法产生大量含铬污泥，这些含铬污泥掺杂其他金属氢氧化物沉淀等杂质，很难再生利用，安全处置困难。此外还需要消耗大量试剂用于酸碱中和，出水水质难以保证，不符合我国环境可持续发展的要求。其他方法如膜分离法、生物法和离子交换法均存在投资大、运行成本高、处理条件受限制等诸多问题。因此，吸附法因高效、操作简便和性价比高，应用最为广泛。而吸附法的核心问题是如何寻求一种价廉易得、物化性质稳定、效率高的吸附材料，从而以更加安全和经济的手段处理 Cr（Ⅵ）废水。

PP 熔喷纤维具有外比表面积大、物化性质稳定、价廉易得等优点，已广泛应用于吸附油类污染物领域，但是其本身非极性、不亲水且不含有能与 Cr（Ⅵ）相结合的功能基团。故本书分别通过等离子体聚合和悬浮接枝对其进行改性，并结合表面离子印迹技术，将其作为去除水中 Cr（Ⅵ）的高性能吸附材料，具有一定的学术意义和实用价值。

CTS 无毒性、容易降解、对环境友好，在处理含重金属离子废水领域有着广泛应用。树枝状聚乙烯亚胺（B-PEI）由于其分子链上大量的仲胺和伯胺基团与环氧、醛及酰氯等基团都可以进行反应，所以大量被应用于重金属离子吸附领域。虽然聚乙烯亚胺（PEI）具有吸附速度快，吸附量大的优点，但由于其价格昂贵，材质易流失，考虑到经济和实用因素，经常利用接枝手段将 PEI 与其他高分子材料相结合制备一系列复合材料。本书中，通过表面改性和界面聚合作用制备的 CMC-g-B-PEI 具有很强的亲水性、分离性以及稳定性。改性后的羧甲基壳聚糖与离子印迹技术相结合，不仅可以提高壳聚糖在复杂实际废水中对特定重金属离子的吸附选择性能，还有利于新型吸附材料的回收再利用，对于未来工业化应用具有积极意义。

第二章 基于等离子体聚合制备 PGP-IIF 印迹纤维

2.1 引言

等离子体聚合操作简单、效果好，无单体结构种类限制，可以在任何暴露于等离子体场的材料表面聚合，并且能满足清洁生产要求。本章研究基于等离子体表面聚合技术，先以甲基丙烯酸缩水甘油酯（GMA）为功能单体，制备表面富含环氧基团的 PP-GMA 纤维；继而利用环氧基团的高活性，通过开环胺化反应将含有大量胺基的聚乙烯亚胺（PEI）引入 PP 大分子链，制得 PP-GMA-PEI 纤维；再通过表面离子印迹技术，制得 Cr（Ⅵ）的 PP-GMA-PEI 印迹纤维（PP-GMA-PEI Ion-Imprinted Fibers，下文统称 PGP-IIF）。总合成机理示意图如图 2-1 所示。

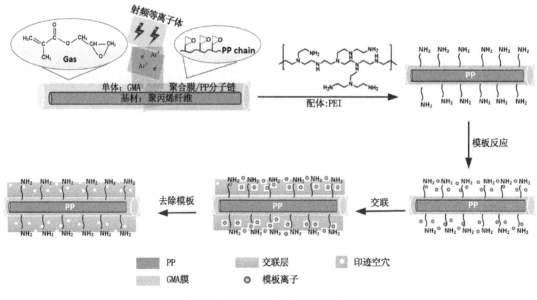

图 2-1 PGP-IIF 合成机理示意图

首先，通过单因素实验探究射频等离子体改性条件对纤维表面化学结构的影响，初步确定等离子体制备改性纤维的条件范围。为寻求等离子体制备的最优值，采用响应面优化法（Response Surface Method，RSM），探究最佳等离子体参数。随后探究开环胺化条件、印迹过程对材料化学结构的影响。得到完整的"制备参数-化学结构"的二元关系。并通过扫描电子显微镜（SEM）、光电子能谱仪（XPS）、傅里叶变换红外光谱（FT-IR）、热重分析（TGA）、X射线衍射（XRD）、亲水性分析等手段对纤维的表面形貌、化学结构等进行表征。

2.2　实验部分

2.2.1　主要试剂及仪器

主要实验材料及试剂见表 2-1，其他未列化学试剂均为分析纯，直接使用。主要实验仪器及设备见表 2-2。

表 2-1　主要实验材料及试剂

材料、试剂名称	级别	生产厂商	用途
PP 熔喷纤维	~3 μm	实验室自制	印迹纤维基底材料
甲基丙烯酸缩水甘油酯	分析纯	阿拉丁试剂（上海）有限公司	功能单体
聚乙烯亚胺	分析纯	阿拉丁试剂（上海）有限公司	功能单体
1，4-二氧六环	分析纯	上海凌峰化学试剂有限公司	胺化溶剂
环氧氯丙烷	分析纯	上海凌峰化学试剂有限公司	交联剂
重铬酸钾	分析纯	上海凌峰化学试剂有限公司	模板离子
氢氧化钠	分析纯	国药集团化学试剂有限公司	配置洗脱液
氩气	高纯级	南京三乐电气有限责任公司	胺化反应提供惰性氛围
丙酮	分析纯	上海凌峰化学试剂有限公司	去除残留单体及均聚物
去离子水	—	实验室自制	去除残留单体及均聚物

表 2-2　主要实验仪器及设备

仪器、设备名称	型号	生产厂商	用途
500W 脉冲射频功率源	MSY-Ⅰ型	中科院微电子研究所	等离子聚合装置
射频匹配器	SP-Ⅱ型	中科院微电子研究所	等离子聚合装置
扫描电子显微镜	JSM-5900	日本电子株式会社	观察纤维表面形貌
傅里叶变换红外光谱仪	Nexus 670	美国尼高力仪器公司	检测纤维表面功能基团
X 射线光电子能谱仪	250XI	美国赛默飞世尔科技公司	检测纤维表面化学结构
热分析仪	Pyris 1 DSC	美国珀金埃尔默股份有限公司	检测纤维热稳定性
X 射线衍射仪	X'TRA	瑞士 ARL 公司	检测纤维晶型
水接触角测定仪	JC2000	上海中晨数字技术设备有限公司	检测纤维亲水性
微压计	DP-AW	南京桑力电子设备厂	检测纤维亲水性

2.2.2　等离子体聚合制备 PP-GMA 纤维

GMA 分子结构中含有碳碳双键、羰基和环氧基。其中环氧基反应活性极高，利用环氧基开环之后接枝其他功能单体，从而能获得具有特定性能的改性聚合物。因此，以 GMA 为功能单体，通过射频等离子体聚合方式，将 GMA 膜聚合在 PP 熔喷纤维表面，制得 PP-GMA 纤维。等离子体聚合装置如图 2-2 所示，具体操作步骤如下：

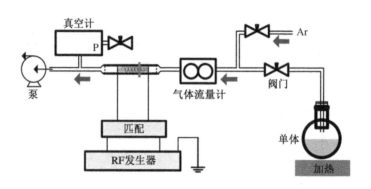

图 2-2　等离子体聚合装置

（1）将 PP 纤维制成蓬松的 5.0 cm×5.0 cm 片材样品，依次置于丙酮和去离子水中，通过超声波于 50 ℃下清洗纤维表面 1 h，取出烘干备用。

（2）将清洗过的 PP 纤维样品置于石英反应器中央，对整个反应系统抽真空，反复用

Ar 气置换空气，最后抽至底压约 3 Pa。同时单体 GMA 置于烧瓶，加入少量沸石，于45℃下加热、汽化。

（3）打开单体烧瓶阀门，通过针阀调节单体气体流量，待气体流量稳定后，开启射频功率源，调节射频匹配器电容 C_1 和 C_2 至反射功率最小，于一定功率和占空比下，聚合一定时间。

（4）聚合反应结束后，关闭射频功率源和射频匹配器，聚合后的 PP 纤维 10 min 后从反应器取出（使未反应单体充分反应），依次置于丙酮和蒸馏水中清洗、烘干至恒重。

GMA 聚合量通过测定环氧基含量表示，测定如下：

精确称取 PP-GMA 纤维，置于 100 mL 单口圆底烧瓶中，加 40 mL 0.05 mol·L^{-1} 三氯乙酸/二甲苯溶液，烧瓶置于油浴锅内，120℃下搅拌冷凝回流 30 min，烧瓶取出后在其中加入 3～5 滴酚酞指示剂，用氢氧化钠/乙醇溶液滴定至粉红色，且 1 min 内不褪色，同时做空白试验。聚合量 DP 按下式计算：

$$DP = \frac{(V_0 - V_1) \times c \times 142.2}{m} \times 100\% \tag{2-1}$$

式中：DP 为聚合量，%；

　　V_0 为空白试验滴定消耗的氢氧化钠/乙醇溶液体积，L；

　　V_1 为滴定 PP-GMA 消耗的氢氧化钠/乙醇溶液体积，L；

　　c 为氢氧化钠/乙醇浓度，mol·L^{-1}；

　　m 为 PP-GMA 的质量，g。

2.2.3　环氧开环胺化制备 PP-GMA-PEI 纤维

PEI 是一种水溶性高分子聚合物，分为直线型和支链型两种结构。其中，常用于改性的支链型 PEI 分子链上含有大量比例为 1∶2∶1 的伯胺、仲胺和叔胺功能基团，因此，PEI 具有高阳离子性和良好的重金属螯合配位性。但是 PEI 为水溶性物质，需要将其固定在非水溶性基体上。PEI 上的胺基能与 PP-GMA 上环氧基发生开环胺化反应，能制备含有大量活性基团的 PP-GMA-PEI 纤维。具体开环胺化步骤如下：

将 PP-GMA 纤维置于一定浓度的 PEI 溶液中，在惰性气体氛围下，于一定温度下反应一定时间，取出后用去离子水洗直至中性，真空干燥至恒重，得到 PP-GMA-PEI 纤维。胺基含量的测定如下：

精确称取 PP-GMA-PEI 纤维，置于干燥的具塞三角瓶中，加入 50 mL 三氯乙酸/乙醇溶液，摇匀，将瓶塞盖严，放入 30 ℃ 水浴中 1 h，取出冷却至室温，再在瓶中加入 3～5 滴酚酞指示剂，用氢氧化钠/乙醇溶液滴定至粉红色，且 1 min 内不褪色，同时做空白试验。胺基含量计算公式如下：

$$E_{NH_2} = \frac{50 \times c_1 - c_2 V_1}{m}$$ (2-2)

式中：E_{NH_2} 为胺基含量，$mmol \cdot g^{-1}$；

c_1 为三氯乙酸/乙醇溶液的浓度，$mmol \cdot L^{-1}$；

c_2 为氢氧化钠/乙醇溶液的浓度，$mmol \cdot L^{-1}$；

V_1 为滴定时氢氧化钠/乙醇溶液消耗的体积，mL；

m 是 PP-GMA-PEI 纤维的质量，g。

胺化过程中，溶剂对纤维溶胀度的测定：将质量为 W_1 的纤维放入溶剂中浸泡 1 h 后，吊角沥干表面多余溶剂（1 min），再次称重 W_2。溶胀度为 $(W_2 - W_1)/W_1$。

2.2.4　表面印迹法制备 PGP-IIF 印迹纤维

以重铬酸钾为 Cr（Ⅵ）模板来源，以戊二醛或环氧氯丙烷为交联剂，以氢氧化钠为洗脱液，制备 Cr（Ⅵ）印迹纤维。具体实验步骤如下：

（1）将 PP-GMA-PEI 纤维置于 100 $mg \cdot L^{-1}$ 的重铬酸钾水溶液中，于 pH＝3 和 25 ℃下振荡 90 min，使得 PP-GMA-PEI 纤维活性基团充分与 Cr（Ⅵ）配位。

（2）将充分配位后负载 Cr（Ⅵ）的 PP-GMA-PEI 纤维置于交联剂溶液中于 60 ℃下，交联若干小时。

（3）将负载 Cr（Ⅵ）的交联 PP-GMA-PEI 纤维置于 0.1 $mol \cdot L^{-1}$ 的 NaOH 溶液中振荡洗脱 Cr（Ⅵ）30 min，反复清洗，直至洗脱液中检测不出 Cr（Ⅵ）。

纤维交联度的测定：通过溶胀平衡法，即交联后产物置于二甲苯中于 140 ℃下冷凝回流 30 min，趁热将溶液通过筛网过滤，残留于筛网上的凝胶为交联部分，而未交联部分会溶解未被截留。

$$交联度 = \frac{m_1(凝胶质量)}{m_2(样品质量 - 初始PP质量)} \times 100\%$$ (2-3)

2.2.5　纤维表征

2.2.5.1　SEM 分析

采用扫描电子显微镜（日本电子株式会社，JSM－5900）对改性前后纤维表面的形貌进行观测，纤维表面观测前喷金处理，随后在 15 kV 场压下观测表面形貌。纤维平均直径通过软件随机选取 40 根纤维进行统计。

2.2.5.2　FT-IR 分析

采用傅里叶变换红外光谱仪（美国尼高力仪器公司，Nexus 670）对改性前后纤维表面的官能团进行表征，通过表面衰减全反射（ATR）模式进行扫描，扫描波数范围 500～4 000 cm^{-1}，分辨率 1 cm^{-1}。

2.2.5.3　XPS 分析

采用 X 射线光电子能谱仪（美国赛默飞世尔科技公司，250XI）对改性前后纤维表面的化学结构进行表征，采用 XPSPEAK 软件分析。

2.2.5.4　热分析

采用热分析仪（美国珀金埃尔默股份有限公司，Pyris 1 DSC）对改性前后纤维热失重进行测试，测试温度范围 25～600 ℃，升温速率为 10 ℃·min^{-1}，氮气氛围。

2.2.5.5　XRD 分析

采用 X 射线衍射仪（瑞士 ARL 公司，X'TRA）对改性前后纤维的晶体结构进行表征。

2.2.5.6　亲水性分析

分别通过水接触角法和毛细管微压法对改性前后纤维的亲水性进行表征。其中，（1）采用接触角测定仪测定纤维表面水接触角，每次 5 μL 去离子水进样，取纤维不同地方测试 5 次，取平均值，通过高分辨率摄像头记录。（2）采用实验室搭建装置（微压计、砂芯管等）进行毛细管微压法测试，具体测试步骤详见本章节。

2.2.5.7　Cr（Ⅵ）的测定方法

水中 Cr（Ⅵ）浓度的测定通过国标（GB 7467—1987）二苯碳酰二肼分光光度法测定。

2.3　结果与讨论

2.3.1　等离子体聚合 PP-GMA 优化试验

2.3.1.1　等离子体聚合单因素参数对 GMA 聚合量的影响

等离子体聚合机理较为复杂，许多聚合机理被提出，广为接受的机理认为等离子体聚合为"Fragmentation-Recombination"（片段-重组）的过程：（1）Fragmentation：诱导聚合反应发生的气体离子化过程。在单体气体未通入等离子体场中时，石英反应管中含有自由电子、阴离子和阳离子等；当 RF 等离子体功率源加载在单体气体上时，自由电子沿电场方向被加速，并获得极大的能量与单体气体分子碰撞，这种能量的转移使单体气体激发、解离产生大量活性自由基,这些活性自由基作为前驱体参与聚合反应,产生聚合中间产物。(2)Recombination:聚合反应的单体片段重组。高能粒子也会对基体材料轰击并产生自由基,这些活性自由基引发聚合中间产物沉积在纤维表面,并进行链增长聚合反应。此外,高能粒子也会对已沉积在纤维表面的聚合产物轰击,使其消融。因此,等离子体聚合也可看做是一个 Competitive Ablation and Polymerization ("沉积聚合-消融")的竞争过程,等离子体聚合机理示意图如图 2-3 所示。等离子体聚合工艺参数(聚合时间、输入功率、单体流量和占空比)对聚合材料的化学结构组成有很大影响,此章节主要探究等离子体聚合工艺参数的变化对等离子体聚合 GMA 含量的影响。

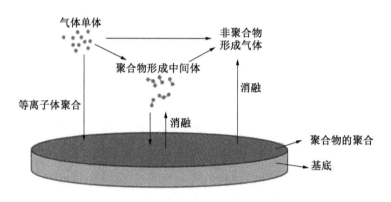

图 2-3 等离子体聚合机理示意图

图 2-4 为等离子体聚合时间对 GMA 聚合量的影响。从图中可以看出,GMA 聚合量随着等离子体聚合时间的增长而增大,说明不断有 GMA 聚合产物沉积在纤维表面,当聚合时间为 50 min 左右时,聚合量达到最大值 30.6%,随后随着聚合时间的增长聚合量略微减小并趋于稳定。这与部分文献报道不一致,Akhavan 等(2013)等以二氧化硅颗粒为基底,以 1,7-辛二烯为功能单体,当等离子体聚合反应至 90 min 左右,二氧化硅表面化学结构趋于稳定。本研究中 GMA 聚合量出现下降的原因可能是等离子体聚合往往不可避免地损失一定的稳定性来保持单体化学结构的完整性,所以当 GMA 聚合量过多,部分沉积的 GMA 聚合物与基体 PP 纤维结合较弱,在反应结束后的清洗过程中被除去,导致聚合量略微减小。

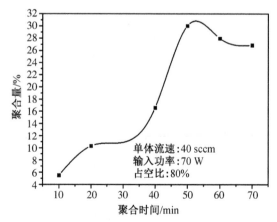

图 2-4 等离子体聚合时间对 GMA 聚合量的影响

图 2-5 为等离子体聚合能量参数对 GMA 聚合量的影响。从图 2-5（a）可以看出，GMA 聚合量先随着等离子体输入功率的增大而增大，当输入功率为 70 W 左右时，GMA 聚合量达到最大值，随后 GMA 聚合量随着等离子体输入功率的增大而减小；同样，从图 2-5（b）可以看出，GMA 聚合量先随着等离子体单体流量的增大而增大，当单体流量为 40 sccm（标况毫升每分）左右时，GMA 聚合量达到最大值，随后 GMA 聚合量随着单体流量的增大而减小。

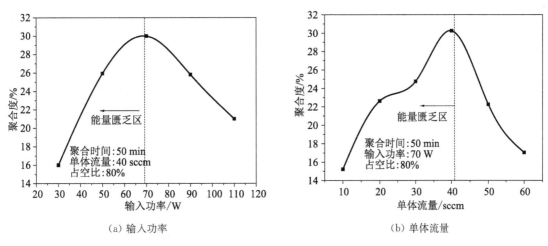

（a）输入功率　　　　　　　　　　（b）单体流量

图 2-5　等离子体能量对 GMA 聚合量的影响

因为在本研究中，当单体流量一定、输入功率小于 70 W 时或输入功率一定、单体流量大于 40 sccm 时，等离子体聚合状态处于能量匮乏区，单位体积单体气体受到的能量小，能量利用率低，不能高效地将单体击穿电离，由此产生的活性自由基少，使得 GMA 聚合量较小；当单体流量一定、输入功率大于 70 W 时或输入功率一定、单体流量小于 40 sccm 时，等离子体聚合状态处于单体匮乏区，施加在单位体积气体的能量大，能量利用率高，单体碎片化高，活性离子、自由基等能量大，此时烧蚀刻蚀现象占主导地位，导致 GMA 聚合量减小，聚合效果变差，与文献报道结果一致（Theirich et al.，1996；Hegemann，2014）。

输入功率和单体流量在等离子体聚合中与单体所受能量大小相关，它们共同定义了能量密度 ε（Specific Energy，ε = 输入功率/单体流量）这个概念（Akhavan et al.，2014），简单来讲，能量密度 ε 指在单位体积单体气体中施加的能量，合适的能量密度 ε 对单体气体能否击穿起辉和维持稳定的等离子体射频放电起着至关重要的作用。

将图 2-5（a）和（b）通过能量密度 ε = 输入功率/单体流量公式转化得到能量密度与 GMA 聚合量之间的关系，如图 2-6 所示。从图中可以得出与图 2-5 一样的结论，GMA 聚合量随能量密度 ε 的增大呈先增大后减小的趋势，当能量密度 ε 为 0.11 $kJ \cdot cm^{-3}$ 时，

GMA 聚合量达到最大值。通过查阅文献得知，对于不同的单体气体各自具有等离子体聚合最佳能量密度 ε，如噻吩单体为 $0.15\ kJ \cdot cm^{-3}$（Akhavan et al.，2013）、1，1，1，2-四氟乙烷为 $0.17\ kJ \cdot cm^{-3}$（Wang et al.，2014）等，这与单体气体、基底材料、反应装置等有关。

此外，从不同的 GMA 聚合量测试方法也能得出相同的结论，图 2-6 中曲线部分为化学滴定法测定 GMA 聚合量，方点部分为称重法测定 GMA 聚合量，当能量密度 ε 较小时，两种测定方法结果一致，这是因为虽然等离子体能量密度小，但是聚合过程 GMA 结构保持完整，环氧基及其他分子结构并未遭到破坏；反之，当能量密度 ε 较大时，称重法比化学滴定法测定的 GMA 聚合量明显偏大，这是因为等离子体能量密度 ε 大，GMA 单体结构碎片化程度高，部分基团遭到破坏，包括环氧基，使得化学滴定过程测定的环氧基减少，但是这些结构碎片化程度高的单体依然沉积聚合在纤维表面，致使通过称重法计算得到的 GMA 聚合量比化学滴定法偏高。在后续研究中，主要是利用环氧基的高活性做进一步改性，因此，不同于大多数文献报道通过称重法测定单体聚合量，本研究以化学滴定法来测定 GMA 聚合量。

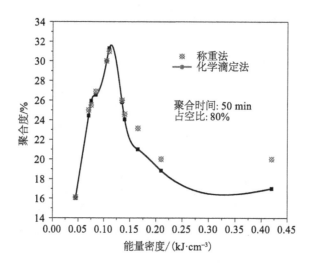

（曲线：化学滴定法；点：称重法）

图 2-6　不同聚合量测试方法下等离子体能量密度对 GMA 聚合量的影响

占空比指脉冲放电条件下通电时间与周期（通电时间＋断电时间）之比，可以认为脉冲等离子体诱导单体离子化（ON）和链增长（OFF）反应是连续的。通过控制"ON"和"OFF"的时间，能够有效地实现界面设计，达到对聚合产物结构的控制，例如只激发不稳定的键或者双键而没有引起分子其他部分明显解离，可得到化学结构规整、保留大量单体结构的聚合产物。

图 2-7 为等离子体占空比对 GMA 聚合量的影响。从图中可以看出，GMA 聚合量随

着等离子体占空比的增大而增大，当占空比为 80％时，聚合量达到最大值，随后随着占空比的增大聚合量减小。在占空比较低时，平均输入功率较低，单体不能有效地激发成自由基继而引发聚合；在占空比为 100％时，此时等离子体持续放电，诱导产生的单体自由基来不及聚合进行链增长，甚至沉积在 PP 纤维表面的聚合物又在高能粒子的动能下重新离开基体，使得系统处于"紊乱"状态。

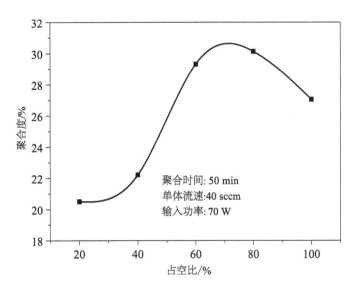

聚合时间: 50 min
单体流速:40 sccm
输入功率: 70 W

图 2-7　等离子体占空比对 GMA 聚合量的影响

2.3.1.2　响应面优化试验

由于有机单体气体在等离子体场中被高能粒子轰击成活性自由基碎片，这些碎片和活性粒子同时引发多种反应，具有很大的随机性，因此等离子体聚合的机理和过程极其复杂，影响等离子体聚合效果的因素很多，往往两两因素之间有着复杂的交互作用。

因素优化方法一般为单因素法和正交试验法。单因素法只是讨论一种因素的影响，由于等离子体聚合过程中各个因素之间可能存在交互作用，使得该方法只能确定一个最优值的大概范围，并不能获得最佳的优化条件。正交试验法则是注重如何科学合理地安排试验，可同时考虑几种因素，寻求最佳因素水平组合，但是它不能在给出的整个区域上找到因素和响应值之间的一个明确的函数表达式即回归方程，从而无法找到整个区域上因素的最佳组合和响应值的最优值（任月明，2007）。

而响应面优化设计法是一种优化工艺条件的有效方法，可用于确定各因素及其交互作用在工艺过程中对指标（响应值）的影响，精确地表述因素和响应值之间的关系。与以往推广的正交设计法不同，它通常是利用中心组合试验拟合出一个完整的二次多项式模型，在试验设计与结果表述方面更加优良。

本小节在 2.3.1.1 单因素实验的基础上,以聚合时间、输入功率、单体流量和占空比四个对环氧基含量影响显著的因素为自变量,以 GMA 聚合量为响应值,使用先进的 Box-Behnken 中心组合实验设计原理,采用响应面优化法在四因素三水平上对等离子体制备过程进行优化,并通过 Design-Expert 8.0.6 对数据进行分析。响应面 Box-Behnken 设计实验因素水平及编码如表 2-3 所示,29 组实验设计及实验结果如表 2-4 所示。

表 2-3　Box-Behnken 设计实验因素水平及编码

因素	代码	编码水平		
		−1	0	1
输入功率/W	A	65	70	75
聚合时间/min	B	45	50	55
单体流量/sccm	C	35	40	45
占空比/%	D	75	80	85

表 2-4　Box-Behnken 设计与结果

实验编号	A	B	C	D	聚合量/%
1	0	−1	0	−1	30.70
2	1	1	0	0	31.50
3	0	0	0	0	30.80
4	0	1	−1	0	30.60
5	0	0	0	0	29.00
6	0	1	1	0	25.90
7	0	0	−1	1	31.80
8	1	0	−1	0	21.56
9	0	1	0	−1	29.60
10	0	0	1	−1	25.31
11	−1	0	1	0	24.20
12	1	0	0	−1	33.00

（续表）

实验编号	A	B	C	D	聚合量/%
13	0	0	0	0	30.51
14	0	−1	−1	0	27.90
15	0	0	0	0	32.50
16	0	1	0	1	32.30
17	0	−1	0	1	29.68
18	0	−1	1	0	23.10
19	1	−1	0	0	31.00
20	0	0	0	0	33.03
21	−1	0	−1	0	30.56
22	0	0	1	1	24.71
23	1	0	1	0	28.11
24	−1	−1	0	0	23.80
25	1	0	0	1	31.90
26	−1	0	0	1	26.80
27	−1	0	0	−1	26.86
28	0	0	−1	−1	32.16
29	−1	1	0	0	26.80

表 2-5 为响应面设计方差分析结果。从表中可以看出，模型的 P 值小于 0.05，说明该模型显著；失拟误差项的 P 值为 0.157 2，不显著，说明模型的拟合度较好；校正决定系数为 0.715 8，说明所得到的模型能够很好地模拟 71.58% 响应值的变化。变异系数（$C.V.$）的值为 8.61%，明显低于模型对 $C.V.$ 的最低要求 13%，说明该模型稳定性好。从表 2-5 中我们还可以看出，在设置的试验范围内单体流量（C）、单体流量和输入功率交互作用（AC）对改性结果有显著影响（$P < 0.05$）。另外，通过 F 值可知，各个因素对改性效果影响的大小顺序为：单体流量＞输入功率与单体流量交互作用＞输入功率＞聚合时间＞聚合时间与占空比交互作用＞输入功率与聚合时间交互作用＞占空比＞单体流量与占空比交互作用＞聚合时间与单体流量交互作用。

表 2-5 响应面设计方差分析结果

来源	平方和	自由度	均方	F 值	P 值
模型	216.88	14	15.49	2.52	0.047 6 显著
A-输入功率	27.15	1	27.15	4.41	0.054 2
B-聚合时间	9.22	1	9.22	1.50	0.241 0
C-单体流量	45.05	1	45.05	7.32	0.017 1
D-占空比	0.016	1	0.016	2.623E-003	0.959 9
功率-时间	1.56	1	1.56	0.25	0.622 1
功率-流量	41.67	1	41.67	6.77	0.020 9
功率-占空比	0.27	1	0.27	0.044	0.837 0
时间-流量	2.500E-003	1	2.500E-003	4.064E-004	0.984 2
时间-占空比	3.46	1	3.46	0.56	0.465 7
流量-占空比	0.014	1	0.014	2.341E-003	0.962 1
A^2	23.34	1	23.34	3.79	0.071 8
B^2	7.13	1	7.13	1.16	0.300 0
C^2	65.15	1	65.15	10.59	0.005 8
D^2	1.28	1	1.28	0.21	0.655 1
残差	86.12	14	6.15		
失拟误差	75.72	10	7.57	2.91	0.157 2 不显著
纯误差	10.40	4	2.60		
总和	303.00	28			

$C.V. =8.61\%$；$R=0.715\,8$

此外，还能通过响应面曲面图直观地看出任意两个因素对 GMA 聚合量的影响大小。本研究所选四个因素 ［输入功率 (A)、聚合时间 (B)、单体流量 (C)、占空比 (D)］ 的交互作用对等离子体 GMA 聚合量影响的响应面结果如图 2-8 所示。可以看出输入功率和单体流量交互作用最为显著，其他两两因素交互作用相对较弱。通过对实验条件的优化，得出等离子体聚合 GMA 最佳工艺参数：输入功率 69 W、聚合时间 54 min、单体流量 38 sccm、占空比 85%，在该最佳工艺参数下，模型预测最大 GMA 聚合量为 32.7%。以等离子体最佳工艺参数重复 5 次试验得到的实际值为 （32.7±1.2）%，与预测值无显著性差异。

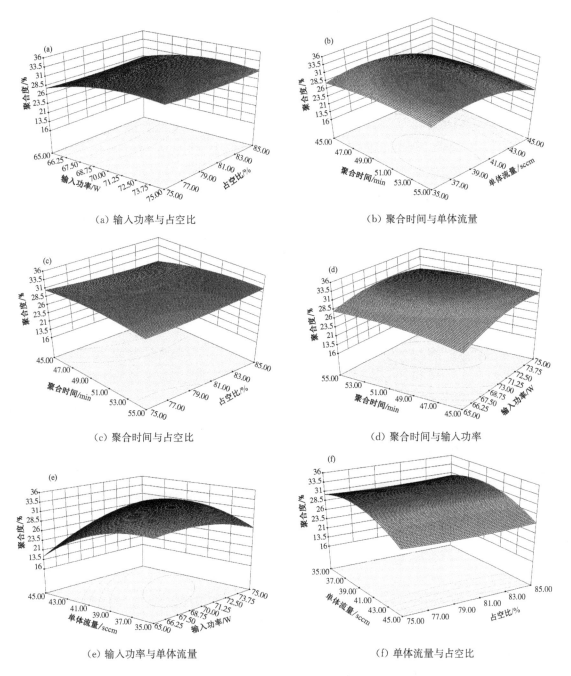

图 2-8 输入功率、聚合时间、单体流量和占空比的交互作用对等离子体聚合 GMA 量影响的 3D 响应面图

利用统计软件 Design-Expert 8.0.6 对所得数据进行多次项回归拟合，得到因素和响应值之间多项式模型：

$$Y = 31.16 + 1.50A + 0.88B - 1.94C - 0.037D - 0.63AB + 3.23AC - 0.26AD +$$
$$0.025BC + 0.96BD - 0.06CD - 1.9A^2 - 1.05B^2 - 3.17C^2 + 0.44D^2 \qquad (2-4)$$

式中：Y 为 GMA 聚合量，%；

  A 为输入功率，W；

  B 为聚合时间，min；

  C 为单体流量，sccm；

  D 为占空比，%。

2.3.1.3　PP-GMA 纤维的表征

在最优等离子体聚合条件下合成了 PP-GMA 纤维，本小节利用一系列测试手段对 PP-GMA 纤维的表面形貌、表面官能团、化学结构、热稳定性和亲水性等进行表征。

图 2-9 为 PP 纤维和 PP-GMA 纤维的 SEM 图。从图（a）（b）可以看出，相比于未改性的 PP 纤维，PP-GMA 纤维平均直径明显增大，从未改性 PP 的 4.41 μm 增大到改性后的 7.76 μm，且仍能够保持较为蓬松多孔的形态。放大至 1 000 倍 ［图（c）（d）］ 对比，可以看到 PP-GMA 纤维表面呈一层聚合产物膜，膜连续、均匀光滑且无针孔结构，呈典型的等离子体聚合特征，纤维间出现轻微粘结。

（a）PP 纤维，300 倍

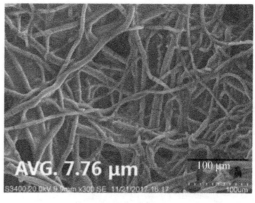

（b）PP-GMA 纤维，300 倍

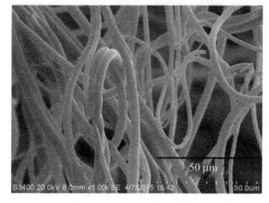

（c）PP 纤维，1 000 倍

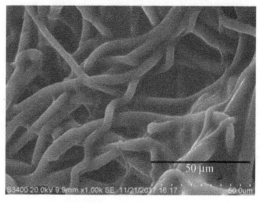

（d）PP-GMA 纤维，1 000 倍

图 2-9　PP 纤维和 PP-GMA 纤维的 SEM 图

图 2-10（a）为功能单体 GMA 的红外谱图，图（b）为 PP 纤维和 PP-GMA 纤维的红外谱图。从图（a）可以看出，GMA 的特征峰明显；从图（b）中 PP 纤维的红外谱图可以看出，PP 吸收峰如下：2 924 cm^{-1} 和 2 842 cm^{-1} 为 CH、CH$_2$ 的非对称和对称伸缩振动峰，1 380 cm^{-1} 为 CH$_2$ 的弯曲振动峰，1 450 cm^{-1} 为 CH 的吸收峰。相比于 PP 特征吸收峰，PP-GMA 纤维分别在波数为 1 724 cm^{-1} 处出现酯羰基的碳氧双键伸缩振动吸收峰、1 151 cm^{-1} 处出现了酯羰基的碳氧单键伸缩振动吸收峰，902 cm^{-1} 处和 840 cm^{-1} 处分别出现了环氧基的 14 μ 和 12 μ 振动伸缩吸收峰，这与图（a）中 GMA 红外谱图中特征吸收峰一致，而碳碳双键的特征吸收峰（1 600 cm^{-1} 左右）消失，可以认为 GMA 单体气体在等离子体场中断裂的主要是碳碳双键。此外，聚合产物 PP-GMA 纤维依次通过丙酮和去离子水清洗去除未聚合单体，因此，可以认为 GMA 成功聚合在 PP 纤维表面，并保持较为完整的化学结构。

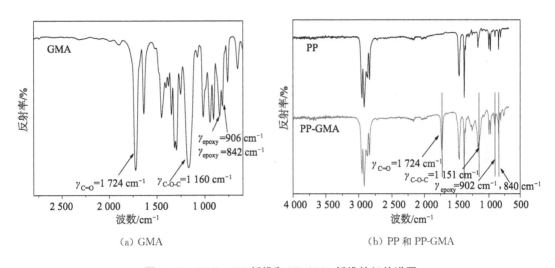

（a）GMA　　　　　　　　　　　（b）PP 和 PP-GMA

图 2-10　GMA、PP 纤维和 PP-GMA 纤维的红外谱图

图 2-11 为 PP 纤维和 PP-GMA 纤维的 XPS 谱图。图（a）和（c）分别为 PP 纤维的全谱图和 C1s 的窄谱图，从这两幅图中可以看出，在 284.6 eV 处对应的 C1s，碳原子比例达到 98.99%，约有 1% 的氧含量可能是由于环境中氧污染造成的，如样品表面吸附氧气、二氧化碳等，这与文献报道结果一致（Xin et al.，2014；Sadhu et al.，2007）。图（b）和（d）分别为 PP-GMA 纤维的全谱图和 C1s 的窄谱图，从这两幅图中可以看出，284.6 eV 和 533.1 eV 分别对应 C1s 和 O1s，采用 XPSPEAK 软件对 C1s 分峰并拟合，结果发现 288.9 eV 为 GMA 中的酯羰基键（O—C=O），286.5 eV 为 GMA 的环氧基键（C—O—C），拟合曲线与测试曲线吻合度较高。

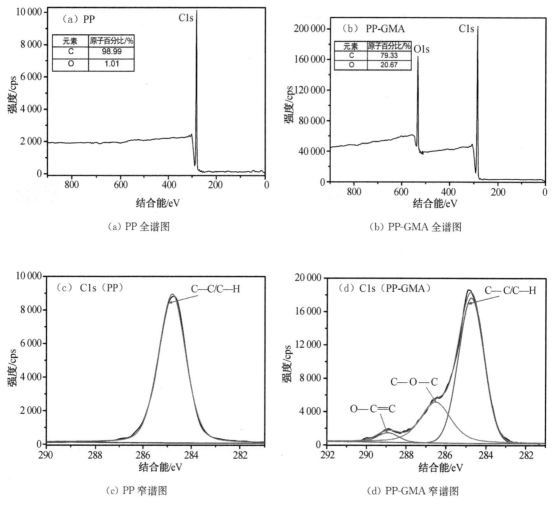

（a）PP 全谱图

（b）PP-GMA 全谱图

（c）PP 窄谱图

（d）PP-GMA 窄谱图

图 2-11　PP 纤维和 PP-GMA 纤维的 XPS 谱图

　　图 2-12 为 PP 纤维和 PP-GMA 纤维的热失重 TG 曲线和热失重一次微分 DTG 曲线。从图（a）和（b）可以看出，随着温度的升高，PP-GMA 纤维持续失重大于 PP 纤维，失重部分可能是 PP 纤维表面聚合的 GMA 产物膜的剥落，但是其分解温度仍然大于 230℃，后续改性条件和吸附环境不会对其造成影响。此外，PP 纤维和 PP-GMA 纤维的快速降解温度均在 400℃到 500℃，说明等离子体聚合过程中 PP 大分子骨架结构不会遭受破坏，因为等离子体仅在纤维表面纳米级别的深度范围作用，不同于高能射线等改性手段容易破坏基体结构。PP 纤维和 PP-GMA 纤维最大降解温度分别在 472.5℃和 479.2℃，说明等离子聚合过程对 PP 大分子链产生了一定的交联作用，致使最大降解温度略微上升。

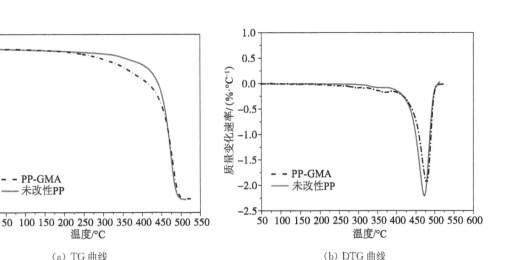

（a）TG 曲线 　　　　　　　（b）DTG 曲线

图 2-12　PP 纤维和 PP-GMA 纤维的热分析谱图

图 2-13 为 PP 纤维和 PP-GMA 纤维的 XRD 曲线。从图中可以看出，PP 纤维具有典型的 α 晶型特征衍射峰；图中 $2\theta = 14.3°$、$17.0°$、$18.7°$和 $21.7°$分别是 PP 的 α（110）、α（040）、α（130）和 α（131）晶面；通过等离子体聚合 GMA 后，PP-GMA 纤维几乎保持与原始 PP 一样的特征衍射峰。说明等离子体聚合过程只是单纯的自由基—键合过程，并未有诸如氢键变化等对纤维内部晶型造成的影响。

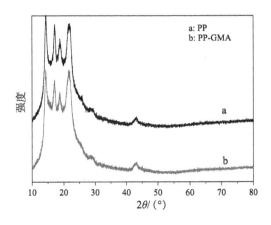

图 2-13　PP 纤维和 PP-GMA 纤维的 XRD 曲线

表面润湿性对纤维后续改性及 Cr（Ⅵ）吸附有着重要的意义。图 2-14 为 PP 纤维和 PP-GMA 纤维的水接触角图。一般来说，若水接触角 $\theta < 90°$，则固体表面是亲水性的，角度越小，表示润湿性越好；若水接触角 $\theta > 90°$，则固体表面是疏水性的，角度越大，表示拒湿性越好。从图中可以看出，PP 纤维水接触角 $\theta = 120°$，具有很强的疏水性，因为 PP 非极性，也不含亲水功能基团。等离子体聚合 GMA 后，PP-GMA 纤维接触角 θ 下降到 69°，具有了一定的亲水性，GMA 本身是不溶于水且疏水，可能是 GMA 单体气体在复杂的等离子体场中产生部分羟基，使其具有了一定的亲水性。

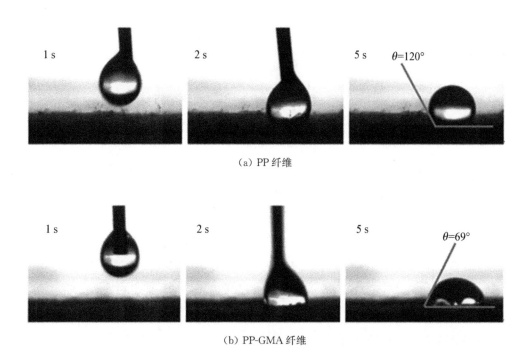

（a）PP 纤维

（b）PP-GMA 纤维

图 2-14　PP 纤维和 PP-GMA 纤维的水接触角图像

2.3.2　开环胺化参数对 PP-GMA-PEI 胺化量的影响

2.3.1 小节研究了通过等离子体聚合将大量环氧基引入 PP 纤维表面，随后利用环氧基的高活性，通过环氧开环反应将含有大量伯胺、仲胺和叔胺的 PEI 引入 PP 大分子链，制得 PP-GMA-PEI 纤维。PEI 具有高阳离子性和良好的重金属螯合配位性，有利于对 Cr（Ⅵ）的吸附。本小节将讨论开环胺化过程中溶剂选择、反应时间、反应温度等对胺化反应的影响。

2.3.2.1　开环胺化反应机理

含环氧基聚合物的开环反应是常见的有机反应。通常环氧基有两个反应活性中心：电子云密度较高的氧原子和电子云密度较低的碳原子。含有胺基的试剂为亲核试剂，胺基会攻击环氧基里电子云密度较低的碳原子，引起 C—O 键断裂，引发开环。本研究采用 PEI 作为胺化试剂，根据 GMA 和 PEI 的化学结构，PEI 分子链上的伯胺和仲胺均可以与 PP-GMA 纤维上的环氧基发生开环胺化反应，因此开环胺化反应有两种类型，具体反应机理如图 2-15 所示。

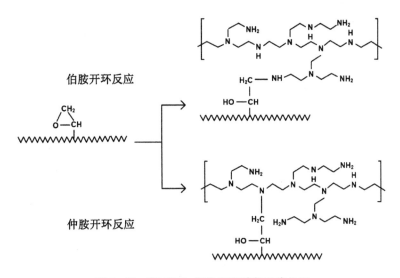

图 2-15 PP-GMA 纤维开环胺化反应机理

2.3.2.2 开环胺化参数对胺化量的影响

首先探究不同溶剂对纤维胺基含量的影响，胺化反应的溶剂选取水、1,4-二氧六环、异丙醇（IPA）、二甲基甲酰胺（DMF）、1,4-二氧六环/水（体积比1:1）、二甲基甲酰胺/水（体积比1:1），结果如图 2-16 所示。从图中可以看出，水虽然是良给质子体，能够促进环氧开环，但是由于聚合的 GMA 都在 PP 纤维表面，而纤维表面亲水性差，水溶性的 PEI 很难传质到纤维表面进行反应，因此胺化量很低。

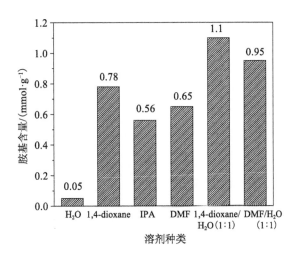

图 2-16 不同溶剂对胺基含量的影响

而使用有机溶剂进行开环胺化反应具有较好的效果，这是因为克服了 PEI 传质困难的问题，但是使用不同有机溶剂时的胺化量存在差异，具体为：1，4-二氧六环＞二甲基甲酰胺＞异丙醇，这主要是由于不同的有机溶剂对 PP-GMA 纤维基体的溶胀度不同所造成的，不同溶剂对 PP-GMA 纤维的溶胀度如图 2-17 所示。从图中可以看出，溶胀度为异丙醇＞1，4-二氧六环＞二甲基甲酰胺，虽然异丙醇溶胀度最大，但是胺化量最小，这可能是因为环氧基发生了一定程度的醇解，导致可用于胺化的环氧基减少所造成的。

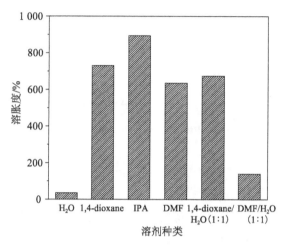

图 2-17　不同溶剂对 PP-GMA 纤维的溶胀度

此外，当使用 1，4-二氧六环或二甲基甲酰胺与水的混合溶剂时，胺化效果最好，最高达到 1.1 mmol·g^{-1}，这是由于混合溶剂既能很好地溶胀 PP-GMA 纤维基体，含有的水也可作为给质子体促进开环胺化反应。因此选择 1，4-二氧六环和水混合溶剂作为开环胺化的溶剂。

图 2-18 为水和 1，4-二氧六环体积比对 PP-GMA-PEI 胺基含量的影响。从图中可以看出，胺基含量随着水与 1，4-二氧六环体积比的增大呈先增大后减小的趋势，当水和 1，4-二氧六环体积比为 3∶7 时胺基含量最大，为 1.32 mmol·g^{-1}。原因同前所述，开环胺化反应容易在水中发生，较少含量的水不利于开环；相反，若水含量过多，不利于基体的溶胀和 PEI 溶质的传质过程。因此，实验最佳开环胺化溶剂选取水与 1，4-二氧六环的混合溶剂，体积比为 3∶7。

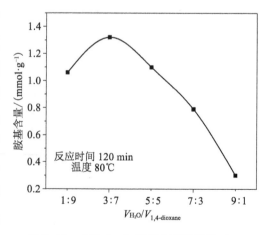

图 2-18　水和 1，4-二氧六环体积比对 PP-GMA-PEI 胺基含量的影响

图 2-19 为开环胺化反应时间对 PP-GMA-PEI 胺基含量的影响。从图中可以看出，胺基含量随着反应时间的增长而增大，当反应时间为 120 min 时，胺基含量达到最大值，此后随着时间的增长胺化量几乎不再增大。这是因为开环胺化反应受 PEI 分子扩散速率控制，当反应时间继续增长，PP-GMA 纤维表面的环氧基已几乎全部消耗，因此胺基含量不再增加。

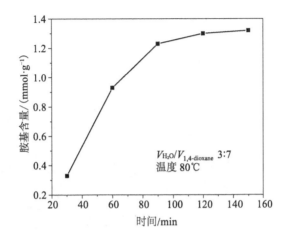

图 2-19　开环胺化时间对 PP-GMA-PEI 胺基含量的影响

图 2-20 为开环胺化温度对 PP-GMA-PEI 胺基含量的影响。从图中可以看出，胺基含量先随着反应温度的增大而增大，当反应温度为 80℃时，胺基含量达到最大值，因为随着反应温度的增大，PP-g-GMA 纤维的溶胀度逐渐增大，PEI 分子传质加快，分子的动能增大，分子间相互碰撞的概率增加，使得 PP-GMA 与 PEI 反应充分，因此胺基含量随之增大。当温度过高时，混合溶剂挥发严重，纤维柔韧性和机械性能也会变差。

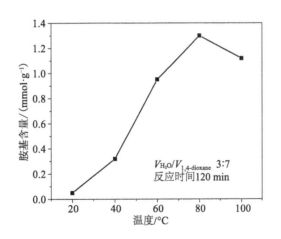

图 2-20　开环胺化温度对 PP-GMA-PEI 胺基含量的影响

值得注意的是，通常环氧基跟脂肪族伯胺的反应在略高于室温下就很容易反应，而本研究中携带环氧基的 PP 和 PEI 均为高分子聚合物，略微增大温度可以使它们分子链运动更剧烈，有助于反应的进行。

2.3.2.3　PP-GMA-PEI 纤维的表征

图 2-21 为 PP-GMA 纤维和 PP-GMA-PEI 纤维的 SEM 图。从图（a）（PP-GMA）、图（b）（PP-GMA-PEI）可以看出，相比于 PP-GMA 纤维，PP-GMA-PEI 纤维平均直径几乎不变，放大至 1 000 倍〔图（c）（PP-GMA）、图（d）（PP-GMA-PEI）〕，可以看到 PP-GMA-PEI 纤维较 PP-GMA 纤维表面略微粗糙，这是 PP-GMA 与 PEI 胺化产物造成的。

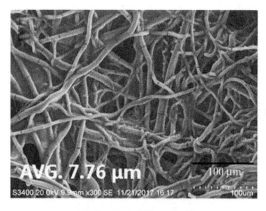
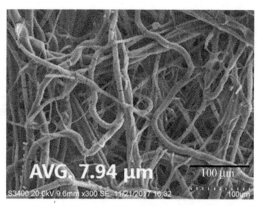

（a）PP-GMA 纤维，300 倍　　　　　　（b）PP-GMA-PEI 纤维，300 倍

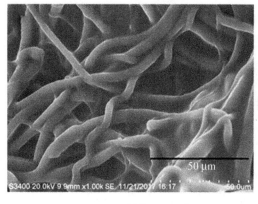
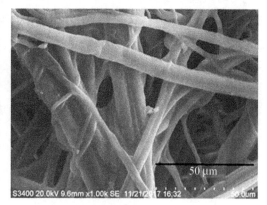

（c）PP-GMA 纤维，1 000 倍　　　　　　（d）PP-GMA-PEI 纤维，1 000 倍

图 2-21　PP-GMA 纤维和 PP-GMA-PEI 纤维的 SEM 图

图 2-22（a）为胺化剂 PEI 的红外谱图，图（b）为 PP-GMA-PEI 纤维的红外谱图。PEI 分为直线型和支链型两种结构，直线型 PEI 分子链上只含有仲胺，而支链型 PEI 分子链上含有大量的伯胺、仲胺和叔胺，外观为黏稠液体。从支链型 PEI 的红外谱图中也

能看到，3 350 cm⁻¹ 和 3 275 cm⁻¹ 分别为伯胺的非对称和对称伸缩振动峰，该峰较为宽阔，与仲胺的伸缩振动峰重叠；1 591 cm⁻¹ 为伯胺的面内弯曲振动峰；1 465 cm⁻¹ 为仲胺的变形振动峰；1 261 cm⁻¹ 为叔胺的伸缩振动峰。相比于 PP-GMA 纤维，用 PEI 进行胺化反应后，PP-GMA-PEI 纤维的红外谱图出现了 PEI 的特征吸收峰，同时在波数为 902 cm⁻¹ 和 840 cm⁻¹ 处环氧基的特征吸收峰基本消失。此外，由于环氧基开环产生了新的 C—OH 键，所以相比于 PP-GMA 纤维中 1 151 cm⁻¹ 处的 C—O 伸缩振动吸收峰，PP-GMA-PEI纤维中的 C—O 伸缩振动吸收峰移动至 1 153 cm⁻¹ 处，且峰变宽阔。

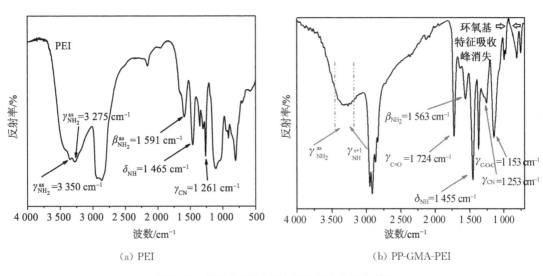

(a) PEI　　　　(b) PP-GMA-PEI

图 2-22　PEI 和 PP-GMA-PEI 纤维的红外谱图

图 2-23 为 PP-GMA-PEI 纤维的 XPS 谱图。图（a）和（b）分别为全谱图和 C1s 的窄谱图，从图中可以看出，引入 PEI 后 PP-GMA-PEI 纤维含有大量的 N 元素。通过 XPSPEAK 软件对 C1s 分峰并拟合得到，在 288.9 eV 为 GMA 中的酯羰基，285.9 eV 为环氧基开环后的 C—O 键，相比于未开环的环氧 286.5 eV 有所偏移。285.4 eV 处的 C—N 键峰强十分明显，因为 PEI 上含有大量的 N 元素，拟合曲线与测试曲线吻合度较高。

图 2-24（a）为 PP-GMA-PEI 纤维的热失重 TG 曲线；图（b）为热失重一次微分 DTG 曲线。从图中可以看出，相比于 PP-GMA 纤维，随着温度的上升，PP-GMA-PEI 纤维失重大于 PP-GMA 纤维，失重部分可以分为两部分：一部分为 0 ℃到 200 ℃时，主要是 PP-GMA-PEI 纤维中亲水基团胺基紧密缔合的结合水，由于 PP 非织造材料含有大量孔隙结构，使其挥发温度大于水的沸点（Ji et al.，2015）；另一部分失重为纤维表面胺化的 PEI 的损失。此外，PP-GMA 纤维和 PP-GMA-PEI 纤维最大降解速率温度均在 479.2 ℃，说明开环胺化反应并没有像等离子体聚合所产生的交联作用；在最大降解速率温度下，PP-GMA-PEI 降解速率大，这主要是引入的 PEI 所致。

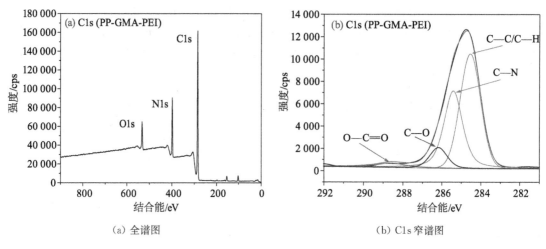

（a）全谱图 　　　　　　　　　（b）C1s 窄谱图

图 2-23　PP-GMA-PEI 纤维的 XPS 谱图

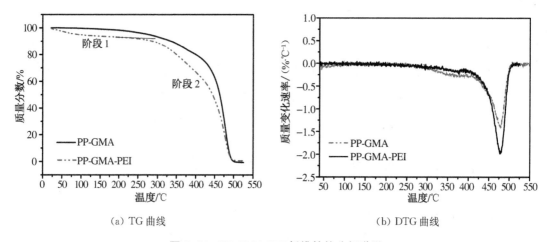

（a）TG 曲线 　　　　　　　　　（b）DTG 曲线

图 2-24　PP-GMA-PEI 纤维的热分析谱图

2.3.3　Cr（Ⅵ）表面印迹法制备 PGP-IIF 纤维

前面两小节讨论了关于成功制备富含大量 N、O 原子功能基团的 PP-GMA-PEI 纤维。根据 Pearson 的软硬酸碱理论，电负性较大的含有 N 或 O 等功能基团的化合物属于硬碱，容易与 Cr（Ⅵ）、Co（Ⅲ）、Fe（Ⅲ）等硬酸和 Pb（Ⅱ）、Sn（Ⅱ）、Cu（Ⅱ）等交界酸结合。通过 PP-GMA-PEI 纤维吸附 Cr（Ⅵ）时，往往会受到具有相似性质金属离子的干扰，为了提高其选择吸附性能，采用表面离子印迹技术制备针对 Cr（Ⅵ）的印迹纤维。以环氧氯丙烷为交联剂，制备 PGP-IIF 印迹纤维机理示意图如图 2-25 所示。

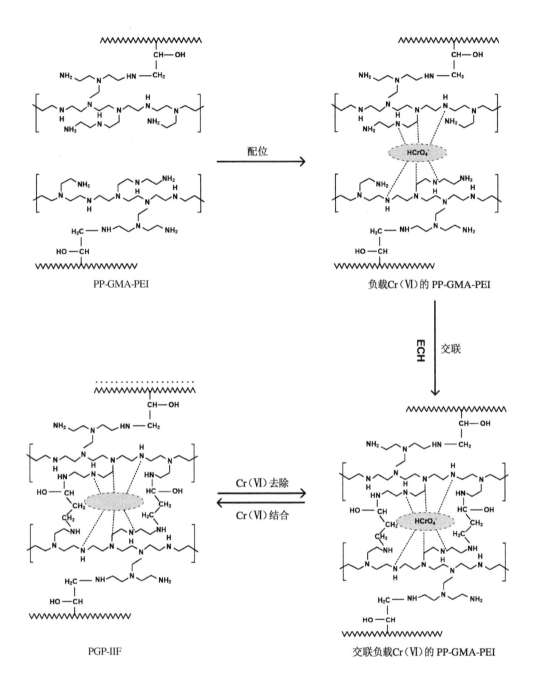

图 2-25　Cr（Ⅵ）印迹纤维制备机理图

PP-GMA-PEI 纤维置于 100 mg·L^{-1} 的重铬酸钾水溶液中，于 pH＝3、25 ℃下震荡 90 min，使得 PP-GMA-PEI 纤维活性基团充分与 Cr（Ⅵ）配位，制得负载 Cr（Ⅵ）的 PP-GMA-PEI 纤维。考虑到 Cr（Ⅵ）对纤维具有很强的氧化性，而且胺基中的氮原子是氮的最低氧化态，可以被氧化成一系列复杂产物。因此，将 PP-GMA-PEI 纤维置于一系列不同 Cr（Ⅵ）浓度的溶液中，观察纤维表面，结果发现，当纤维置于 300 mg·L^{-1} 的 Cr（Ⅵ）溶液中时，纤维表面发黄严重且部分点位发黑，说明出现氧化现象（图 2-26）。为了防止胺基在制备过程和吸附过程受到氧化而造成结构的破坏，后续实验 Cr（Ⅵ）浓度不超过 100 mg·L^{-1}。

[a：无 Cr（Ⅵ）；b：100 mg·L^{-1} Cr（Ⅵ）；c：300 mg·L^{-1} Cr（Ⅵ）]

图 2-26　Cr（Ⅵ）对 PP-GMA-PEI 纤维氧化作用形貌图

为了加强 Cr（Ⅵ）和 PP-GMA-PEI 纤维之间的配位结合能力，固定 Cr（Ⅵ）识别空穴位点，需要加入交联剂对其固定，将这种印迹过程"记忆"下来，因此，交联剂起着重要的桥梁作用。交联剂选择的好坏与纤维强度、Cr（Ⅵ）吸附量和选择性有着直接的关系。

不同交联剂对 Cr（Ⅵ）吸附量的影响见表 2-6。从表 2-6 可以看出，在无交联剂情况下，即 PP-GMA-PEI 纤维本身对 Cr（Ⅵ）吸附量相对较高，这是因为无论选择环氧氯丙烷或戊二醛作为交联剂，环氧基或醛基都会消耗 PEI 上的胺基基团，减少了 Cr（Ⅵ）有效吸附位点，致使 Cr（Ⅵ）吸附量下降，这与一些文献报道结果一致（任月明，2007；Luo et al.，2017），即在无交联剂的情况下目标离子的吸附量大于交联产物的吸附量。通过略微牺牲 Cr（Ⅵ）吸附量而实现对 Cr（Ⅵ）更快的吸附速率和选择性，后续章节将会具体讨论。当使用环氧氯丙烷做交联剂时，Cr（Ⅵ）吸附量下降不大，这可能是由于环氧氯丙烷开环后形成的—OH 也能作为配位基团吸附 Cr（Ⅵ）。由于戊二醛相比于环氧氯丙烷具有较大的毒性，所以后续实验选定环氧氯丙烷作为交联剂。

表 2-6　不同交联剂对 Cr（Ⅵ）吸附量

交联剂种类	无交联剂	环氧氯丙烷	戊二醛
Cr（Ⅵ）吸附量/（mg·g^{-1}）	108.2	102.6	80.2

图 2-27 为交联时间和交联剂用量对交联度的影响。从图中可以看出，交联度随着交联时间、交联剂用量的增大而增大，当交联时间为 3 h、交联剂用量的物质的量之比（环氧氯丙烷：胺基）为 4 时，交联度达到最大值，约为 98%，随后随着交联时间和交联剂用量的增大趋于平缓。这是因为随着交联时间和交联剂用量的增大，可用于交联反应的环氧基和胺基逐渐消耗完全，致使交联度达到最大值后不再增加。

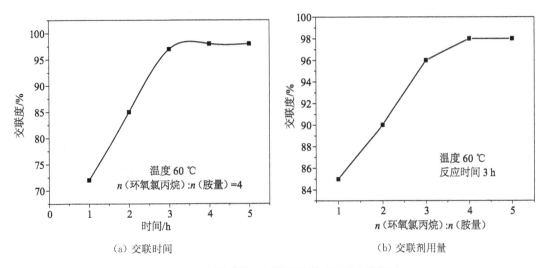

（a）交联时间　　　　　　　　　　（b）交联剂用量

图 2-27　交联时间、交联剂用量对交联度的影响

在印迹聚合物制备中，并不是交联程度越高越好，若交联度过高，交联剂消耗的功能基团多，造成可用于配位吸附的功能基团少。此外，高交联度形成的三维网状结构刚性太强，不利于"捕捉"目标离子，而且也会导致印迹离子在洗脱过程中难以完全洗脱。若交联度过低，形成的印迹聚合物结构不稳定，在模板离子洗脱过程中容易导致功能单体和特异性识别位点的丢失。因此，此实验仅仅探究交联条件参数对交联度的影响，得到它们的"制备-结构"关系，为"结构-效果"二元关系做铺垫。

通过改变交联剂环氧氯丙烷用量来控制交联度，研究不同交联度的 PGP-IIF 对 Cr（Ⅵ）吸附量的影响。表 2-7 为不同交联度的 PGP-IIF 对 Cr（Ⅵ）吸附量的关系。从表中可以看出，当交联度在 92% 左右时，Cr（Ⅵ）吸附量最大，过高的交联度导致 Cr（Ⅵ）吸附量减少。

表 2-7　不同交联度对 Cr（Ⅵ）吸附量

交联度/%	85	92	95	98
Cr（Ⅵ）吸附量/（mg·g^{-1}）	95	102.6	97.3	90.9

将负载 Cr（Ⅵ）的 PP-GMA-PEI 交联纤维置于 0.1 mol·L⁻¹ NaOH 溶液中震荡洗脱 Cr（Ⅵ）30 min，反复用去离子水清洗，直至洗脱液中检测不出 Cr（Ⅵ），干燥后制得 PGP-IIF 印迹纤维，并通过一系列手段对其进行表征。

图 2-28 为 PGP-IIF 纤维的 SEM 图。从图中可以看出，相比于 PP 纤维、PP-GMA 纤维和 PP-GMA-PEI 纤维，PGP-IIF 纤维表面粗糙多孔，有沟壑起伏状，这可能是 Cr（Ⅵ）从交联纤维中洗脱造成的，这个现象与文献报道一致（Monier et al.，2014；Monier et al.，2015；Zhu et al.，2017）。

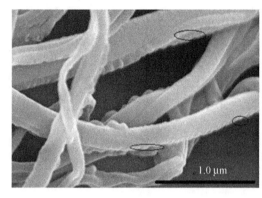
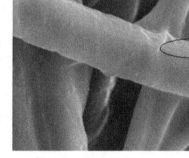

(a) 3 000 倍　　　　　　　　　　　　　(b) 10 000 倍

图 2-28　PGP-IIF 纤维的 SEM 图

图 2-29 为 PGP-IIF 纤维的傅里叶变换红外光谱图。从图中可以看出，经过一系列 Cr（Ⅵ）配位、交联和洗脱过程后，PGP-IIF 纤维的红外光谱图仍具有 PP-GMA-PEI 纤维的特征吸收峰，其中 3 350 cm⁻¹ 和 3 275 cm⁻¹ 之间为伯胺的非对称和对称伸缩振动峰，该峰较为宽阔，与仲胺的伸缩振动峰重叠；1 561 cm⁻¹ 为伯胺的面内弯曲振动峰；1 454 cm⁻¹ 为仲胺的变形振动峰；1 253 cm⁻¹ 为叔胺的伸缩振动峰。

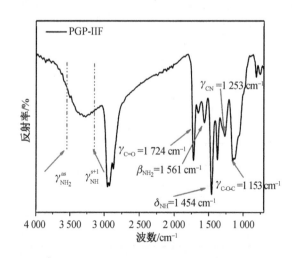

图 2-29　PGP-IIF 纤维的 FT-IR 谱图

图 2-30 (a) 为 PGP-IIF 的热失重 TG 曲线，图 (b) 为热失重一次微分 DTG 曲线。从图 (a) (b) 中可以看出，相比于 PP-GMA-PEI 纤维，随着温度的上升，PGP-IIF 纤维的热稳定性明显好于 PP-GMA-PEI，且在最大降解速率温度下降解速率大，这均是印迹过程中交联作用的结果，致使 PP 分子链降解和聚合产物去聚合程度下降。

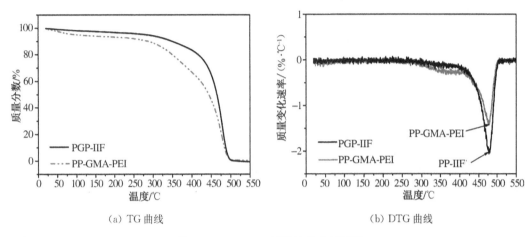

(a) TG 曲线　　　　　　　　(b) DTG 曲线

图 2-30　PGP-IIF 纤维的热分析谱图

图 2-31 为 PGP-IIF 纤维的水接触角图。相比于图 2-14 中 PP-GMA 的水接触角图，PGP-IIF 纤维的水接触角 θ 显著减小，去离子水在滴入纤维表面的瞬间立马铺展，润湿其表面。由此可见，引入大量含有胺基链段的 PEI 极大地提高了纤维的亲水性。

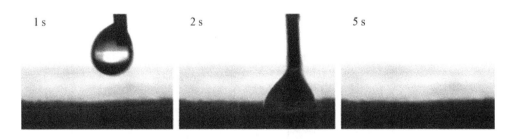

图 2-31　PGP-IIF 纤维的水接触角图像

由于去离子水在滴入纤维表面的瞬间立马铺展，很难捕捉到接触角图像，无法测定水接触角。因此，可以通过毛细管压力法测其亲水性。实验装置如图 2-32 所示。Washburn 方程（式 2-5）用来描述液体的毛细管力作用，因此，水接触角 θ 能够通过该方程计算（Ji et al.，2015）：

$$h^2 = \frac{r_{eff}\gamma_{LV}\cos\theta}{2\eta}t \tag{2-5}$$

式中：r_{eff} 为有效毛细管半径，mm；

$\quad\quad\gamma_{LV}$ 为润湿液体的表面张力，$mN \cdot m^{-1}$；

$\quad\quad\eta$ 为润湿液体的黏度，$mPa \cdot s$；

$\quad\quad h$ 为在时间 t 内，润湿液体在床层中上升的高度，mm。

但是，床层上升高度 h（Chang et al.，2009）并不容易测量，因此可以测定渗透压变化（Δp）来确定床层上升高度 h。则水接触角 θ 可通过下式计算：

$$(\Delta p)^2 = \frac{\beta\gamma_{LV}\cos\theta}{\eta}t \tag{2-6}$$

式中：β 为几何因子，与填装方式有关，可看做定值；

$\quad\quad K_\theta = \dfrac{\beta\gamma_{LV}\cos\theta}{\eta}$ 通过 $(\Delta p)^2$ 与 t 的线性关系式得到。

本研究设定亲水性良好的脱脂棉纤维水接触角 θ 为零，即 $\theta = 0$，则 $K_0 = \dfrac{\beta\gamma_{LV}}{\eta}$。由于堆积密度近乎相同，并均以去离子水为测试介质，所以各测试样品的 β、η、γ 值近似相同。那么，通过下式可以得到待测纤维表面水接触角 θ：

$$\theta = \arccos\left(\frac{K_\theta\eta}{\beta\gamma}\right) = \arccos\left(\frac{K_\theta}{K_0}\right) \tag{2-7}$$

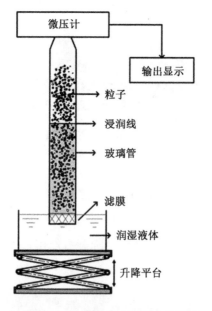

图 2-32　毛细管法测水接触角装置图

图 2-33 是 PGP-IIF 纤维的 $\Delta p^2 - t$ 关系曲线。从图中可以看出，PP 的关系曲线几乎是一条平行于横轴的直线，因为 PP 本身不亲水，去离子水不会沿着填装孔隙借助毛细管力作用上升并造成压力变化；而脱脂棉和 PGP-IIF 纤维具有较好的亲水性，在本研究中，$K_0 = 42.2$，由式（2-7）可以计算得 PGP-IIF 纤维的水接触角为 $46°$。

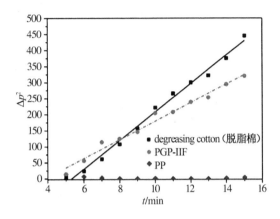

图 2-33 $\Delta p^2 - t$ 的关系曲线

2.4 结论

本章对影响 PGP-IIF 结构参数的制备条件进行了研究，并对纤维改性前后进行一系列表征，得出以下主要结论：

（1）在等离子体聚合 PP-GMA 纤维中，考察了等离子体聚合主要参数对 GMA 聚合量的单因素影响。结果表明：GMA 聚合量随着等离子体聚合时间、单体气体流量、输入功率和占空比的增大呈先增大后减小的趋势，在聚合时间 50 min、单体气体流量 40 sccm、输入功率 70 W、占空比 80% 时，聚合量达到最大值 30.6%。

（2）采用响应面优化法，通过 Box-Behnken 实验设计方法对等离子体聚合过程进行参数优化，考察等离子体聚合时间、单体气体流量、输入功率和占空比对聚合量的影响和交互作用。结果表明：四个因素之间存在一定的交互作用，其中单体流量和输入功率之间的交互作用显著。最佳工艺参数：输入功率 69 W、聚合时间 54 min、单体流量 38 sccm、占空比 85%，在该最佳工艺参数下，模型预测最大 GMA 聚合量为 32.7%。

（3）以 PEI 为胺化试剂，对 PP-GMA 纤维进行胺化反应，研究了胺化条件对胺化量的影响。结果表明：最佳胺化溶剂为 1，4-二氧六环/水、体积比为 3：7，最佳胺化时间

120 min，最佳胺化温度为 80℃。

（4）制备 PGP-IIF 纤维，考察印迹过程条件对纤维的化学结构及性能的影响。结果表明：在模板预配位过程中，Cr（Ⅵ）浓度太高会导致纤维表面出现氧化现象。交联剂筛选为环氧氯丙烷，印迹纤维交联度随着交联时间和交联剂用量的增大而增大，当交联时间为 3 h、交联剂用量的物质的量之比（环氧氯丙烷：胺基）为 4 时，交联度达到最大值，约为 98%。而 Cr（Ⅵ）吸附量随着交联度的增大呈先增大后减小的趋势，因此，最佳交联度为 92%。

（5）对各个制备阶段的改性纤维进行了表征，结果表明：相比于 PP 纤维的 SEM 图，PP-GMA 纤维通过等离子体聚合过程纤维细度增大，有明显膜状、致密的聚合产物；随后胺化反应后，PP-GMA-PEI 纤维没有明显变化；而经过印迹过程的 PGP-IIF 纤维粗糙多孔，有沟壑起伏状。通过 FT-IR 和 XPS 测试，确定了各个制备阶段改性纤维的表面基团和元素组成结构。热分析测试表明，随着温度的上升，失重速率大小顺序为：PP-GMA-PEI 纤维＞PP-GMA 纤维＞PGP-IIF 纤维＞PP 纤维。亲水性分析显示：去离子水在滴入 PGP-IIF 表面的瞬间铺展开来，通过毛细管力微压法测定其相对接触角为 46°，PGP-IIF 的亲水性好。

第三章　基于悬浮接枝聚合制备
PGA-IIF 印迹纤维

3.1　引言

等离子体聚合具有操作简单、聚合时间短、满足清洁生产要求等优点。但是目前也存在一些不足，例如：等离子体聚合工艺需要高真空，制造大尺寸反应器比较困难，实现规模化工业生产尚有待解决一些具体技术问题。因此，本章节从可工业化生产角度出发，基于悬浮接枝改性方法和离子印迹技术制备 Cr（Ⅵ）PP 表面印迹纤维。

以甲基丙烯酸缩水甘油酯（GMA）和丙烯酰胺（AM）为共聚合接枝单体，通过"一步法"悬浮接枝将含有能与 Cr（Ⅵ）配位的 N、O 元素的功能基团接枝聚合到 PP，利用熔喷纺丝技术制成 PP-g-(GMA-AM) 纤维，再以表面离子印迹方法制备 Cr（Ⅵ）-PP-g-(GMA-AM) 印迹纤维（PP-g-(GMA-AM) ion-imprinted fibers，下文统称 PGA-IIF）。本章节主要讨论悬浮共接枝聚合过程与机理，探究双单体（GMA、AM）共悬浮接枝中，聚合时间、分散介质用量、界面剂用量、引发剂用量、单体含量、单体比例等工艺参数对接枝率的影响。通过扫描电子显微镜（SEM）、光电子能谱仪（XPS）、傅里叶变换红外光谱（FT-IR）、热重分析（TGA）、熔体流动速率（MFR）等手段对改性产物的表面形貌、化学结构等进行表征。

3.2　实验部分

3.2.1　主要试剂及仪器

主要实验材料及试剂见表 3-1，其它未列试剂均为分析纯，直接使用。主要实验仪器及设备见表 3-2。

表 3-1 主要实验材料及试剂

材料、试剂名称	级别	生产厂商	用途
PP 树脂	P6313	上海伊士通新材料发展有限公司	基底材料
甲基丙烯酸缩水甘油酯	分析纯	阿拉丁试剂（上海）有限公司	功能单体
丙烯酰胺	分析纯	国药集团化学试剂有限公司	功能单体
自制界面剂	—	实验室自制	界面剂
过氧化苯甲酰	化学纯	上海凌峰化学试剂有限公司	引发剂
环氧氯丙烷	分析纯	上海凌峰化学试剂有限公司	交联剂
重铬酸钾	分析纯	上海凌峰化学试剂有限公司	模板离子
氢氧化钠	分析纯	国药集团化学试剂有限公司	配置洗脱液
氩气	—	南京三乐电气有限责任公司	接枝反应提供惰性氛围
丙酮	分析纯	上海凌峰化学试剂有限公司	去除残留单体、均聚物
去离子水	—	实验室自制	分散剂、清洗试剂

表 3-2 主要实验仪器及设备

仪器、设备名称	型号	生产厂商	用途
磁力驱动反应釜	—	温州中伟磁传密封设备厂	悬浮接枝装置
熔喷纺丝机	定制	常熟伟成非织造成套设备有限公司	熔喷纺丝装置
熔融指数仪	RL-Z1B1	上海思尔达科学仪器有限公司	测试熔体流动速率
扫描电子显微镜	JSM-5900	日本电子株式会社	观察纤维表面形貌
傅里叶变换红外光谱仪	Nexus 670	美国尼高力仪器公司	检测纤维表面功能基团
X 射线光电子能谱仪	250XI	美国赛默飞世尔科技公司	检测纤维表面化学结构
热分析仪	Pyris 1 DSC	美国珀金埃尔默股份有限公司	检测纤维热稳定性
X 射线衍射仪	X'TRA	瑞士 ARL 公司	检测纤维晶型
水接触角测定仪	JC2000	上海中晨数字技术设备有限公司	检测纤维亲水性
微压计	DP-AW	南京桑力电子设备厂	检测纤维亲水性

3.2.2 悬浮接枝聚合制备 PP-g-(GMA-AM) 纤维

如第二章所述，GMA 分子结构中含有碳碳双键、羰基和环氧基。在本研究中，碳碳双键可以在引发剂的作用下进行接枝聚合，再利用环氧基的高活性做进一步的改性。与 GMA 共接枝聚合的另一单体为 AM，AM 分子结构中含有碳碳双键和酰胺基，其中酰胺基是常用于水中重金属配位的螯合基团（Saleh et al., 2018；Maity et al., 2018）。因此，通过悬浮接枝聚合方法，将 GMA 和 AM 在引发剂的作用下共接枝聚合在 PP 表面并制成纤维，具体制备过程如下：

（1）骤冷预处理。将一定量 PP 和 3 mL/g 的二甲苯加入磁力驱动反应釜中，混合物在磁力搅拌作用下逐渐加热至 140 ℃后，立即将 PP 二甲苯溶液倒入 0 ℃的冰水混合物中骤冷处理，此时 PP 能够快速地从二甲苯中析出，形成低结晶度、表面含有微孔结构的粉料，经过抽滤分离后干燥至恒重。

（2）悬浮接枝聚合。骤冷预处理过的 PP 粉料通过标准筛筛分，选取 0.5 mm 大小的粉料作为接枝聚合基体。将一定量的 PP 粉料、自制界面剂和分散剂去离子水加入磁力反应釜中，在 Ar 气体的保护下于 90 ℃搅拌 1 h，使 PP 充分溶胀并分散。随后加入一定量引发剂过氧化苯甲酰（BPO）、单体 GMA 和 AM，于 90 ℃接枝共聚合一定时间。得到的接枝产物依次用去离子水和丙酮清洗，以去除未反应的单体及均聚物等，干燥后通过熔喷纺丝设备制备 PP-g-(GMA-AM) 纤维。

其中，共接枝单体 GMA 接枝率通过测定环氧基含量确定，测定如下：

精确称取 PP-g-(GMA-AM)，置于 100 mL 单口圆底烧瓶中，加 40 mL 三氯乙酸/二甲苯溶液，烧瓶置于油浴锅内，100 ℃下搅拌冷凝回流 30 min，烧瓶取出后在其中加入 3～5 滴酚酞指示剂，用氢氧化钠/乙醇溶液滴定至粉红色，且 1 min 内不褪色，同时做空白试验。接枝率 GP 按下式计算：

$$GP = \frac{(V_0 - V_1) \times c \times 142.2}{m} \times 100\% \qquad (3\text{-}1)$$

式中：GP 为接枝率，%；

　　V_0 为空白试验滴定消耗的氢氧化钠/乙醇溶液体积，L；

　　V_1 为滴定时消耗的氢氧化钠/乙醇溶液体积，L；

　　c 为氢氧化钠/乙醇溶液浓度，mol·L^{-1}；

　　m 为质量，g。

共接枝单体 AM 接枝率通过元素分析仪测定氮的含量并计算丙烯酰胺的接枝率。

3.2.3　表面印迹法制备 PGA-IIF 印迹纤维

以重铬酸钾为 Cr（Ⅵ）模板来源，以二乙烯三胺为交联剂，以氢氧化钠为洗脱液，制备 Cr（Ⅵ）印迹纤维。具体实验步骤如下：

（1）将 PP-g-(GMA-AM) 纤维置于 100 mg·L^{-1} 的重铬酸钾水溶液中，于 pH=3 和 25 ℃下震荡 90 min，使得 PP-g-(GMA-AM) 纤维活性基团充分与 Cr（Ⅵ）配位吸附。

（2）将充分配位吸附后的负载 Cr（Ⅵ）的 PP-(GMA-AM) 纤维置于二乙烯三胺/乙

醇溶液中进行交联反应，于 60 ℃下，冷凝回流 4 h。

（3）将交联后负载 Cr（Ⅵ）的 PP-(GMA-AM) 纤维置于 0.1 mol·L^{-1} NaOH 溶液中震荡洗脱 Cr（Ⅵ）30 min，反复清洗，直至洗脱液中检测不出 Cr（Ⅵ）。

3.2.4　纤维表征

3.2.4.1　SEM 分析

采用扫描电子显微镜（日本电子株式会社，JSM-5900）对改性前后纤维表面的形貌进行观察，纤维表面观察前喷金处理，随后在 15 kV 场压下观察表面形貌。

3.2.4.2　FT-IR 分析

采用傅里叶变换红外光谱仪（美国尼高力仪器公司，Nexus 670）对改性前后纤维表面的官能团进行表征，通过表面衰减全反射（ATR）模式进行扫描，扫描波数范围 500～4 000 cm^{-1}，分辨率 1 cm^{-1}。

3.2.4.3　XPS 分析

采用 X 射线光电子能谱仪（美国赛默飞世尔科技公司，250XI）对改性前后纤维表面的化学结构进行表征，采用 XPSPEAK 软件分峰分析。

3.2.4.4　热分析

采用热分析仪（美国珀金埃尔默股份有限公司，Pyris 1 DSC）对改性前后纤维热失重进行测试，测试温度范围 25～600 ℃，升温速率为 10 ℃/min，氮气氛围。

3.2.4.5　XRD 分析

采用 X 射线衍射仪（瑞士 ARL 公司，X'TRA）对骤冷处理前后的晶体结构进行表征。

3.2.4.6　亲水性分析

分别通过水接触角法和毛细管微压法对改性前后纤维的亲水性进行表征。其中，（1）采用接触角测定仪（上海中晨数字技术设备有限公司，JC2000D）测定纤维表面水接触角，每次 5 μL 去离子水进样，取纤维不同地方测试 5 次，取平均值，通过高分辨率摄像头记录。（2）采用实验室搭建装置进行毛细管微压法测试，具体详见结果与讨论部分。

3.2.4.7　熔体流动速率（MFR）测定

接枝改性前后 PP 的 MFR 测试在熔融指数仪上进行。测试温度为 200 ℃，载质量为 2.16 kg，每个接枝率下样品做 3 次，取平均值。

3.2.4.8　单体分配系数的测定

称取 2.50 g 左右的 GMA 或 AM 于 250 mL 分液漏斗中，加入 50 mL 去离子水和 50 mL 自制界面剂剧烈震荡 2 h 后静置 1 h。测定 GMA 或 AM 在自制界面剂/去离子水相的含量。单体分配系数通过如下方程算得：

$$K_{monomer} = C_1 / C_0 \tag{3-2}$$

式中：$K_{monomer}$ 为 GMA 或 AM 的分配系数；

C_1 和 C_0 分别为 GMA 或 AM 在自制界面剂和去离子水相中的浓度，$mg \cdot L^{-1}$。

3.3 结果与讨论

3.3.1 双单体共悬浮接枝聚合机理探究

通过查阅文献，目前悬浮接枝改性通常使用单功能单体，如丙烯酸丁酯（Li et al., 2015）、甲基丙烯酸甲酯（Li et al., 2013）、马来酸酐（周清 等，2015）、GMA（柯勇，2014）、丙烯酸等（魏无际 等，2005）。为了赋予被改性材料更强的功能，尝试同时悬浮接枝双功能单体在材料表面则更有前景，但相关的文献报道较少。祝宝东等（2009）通过悬浮接枝法，将苯乙烯和马来酸酐共接枝聚合到 PP 表面，研究了接枝聚合参数对接枝率的影响；Zhao 等（2017）通过悬浮接枝法，将丙烯酸丁酯和丙烯酸蓖麻油共接枝聚合到 PP 表面，研究了接枝聚合参数对接枝率的影响和接枝产物的机械性能。但是他们都没有详细讨论双单体共悬浮接枝聚合机理。因此，此节介绍本研究中 GMA 和 AM 共悬浮接枝聚合改性 PP 的机理，示意图如图 3-1 所示。

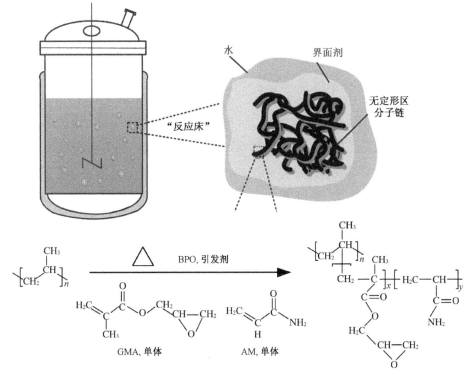

图 3-1 悬浮接枝聚合 GMA、AM 机理示意图

本研究的悬浮接枝体系中，每颗 PP 树脂均可以看做一个独立的"反应床"，这些"反应床"颗粒被界面剂溶胀并包裹着，在高速搅拌的剪切力作用下独立地分散在分散剂去离子水中。接枝聚合反应主要发生在 PP 的非晶形区（本实验通过骤冷预处理降低 PP 的结晶度），因此，通过自制界面剂良好的溶胀作用，可以使 PP 非晶形区范围更大，且能使单体和引发剂顺利地通过毛细管力作用迁移至 PP 微孔内。本实验引发剂 BPO 和单体 GMA 均是油溶性的，主要溶解在自制界面剂，GMA 在 BPO 的作用下打开双键引发 PP 接枝反应。通过单体在自制界面剂/去离子水中分配系数的测定可知，GMA 在自制界面剂/去离子水中的分配系数为 5∶1，而 AM 是水溶性单体，在自制界面剂/去离子水中的分配系数为 1∶12，主要溶解在去离子水中，由于传质困难，AM 很难单独接枝于 PP 表面。根据 GMA 和 AM 的 Q-e 值关系（表 3-3）可知（潘祖仁，1997），两个单体的 Q 值均大于 1 且数值接近，说明 GMA 和 AM 易转化成自由基并发生反应，且易发生共聚反应；两个单体的 e 值相差较大，说明 GMA 和 AM 容易发生交替共聚，因此 GMA 可以作为"桥梁"使得 GMA 和 AM 共接枝聚合于 PP 表面。

表 3-3　GMA 和 AM 的 Q-e 值

单体	Q 值（共轭效应）	e 值（极性效应）
GMA	1.03	0.57
AM	1.12	1.19

3.3.2　接枝聚合参数对单体接枝率的影响

本研究使用的 PP 原料是熔喷专用料，具有高流动性和高结晶度，而悬浮接枝改性主要在 PP 的非晶型区进行，因此，有必要适当降低 PP 结晶度，使得接枝聚合反应更容易进行。本研究采用对 PP 熔体骤冷的方式以降低其结晶度。图 3-2 为骤冷处理前后 PP 的 XRD 曲线，从图中可以看出，骤冷处理过的 PP 的非晶型区的分散峰强度（图中阴影面积）相比于原始 PP 明显增强。这是因为在骤冷处理中，PP 熔体骤冷至零度，结晶时间大大缩短，部分 PP 大分子链来不及从无序的卷团移动并生长成晶体，因此使得 PP 结晶度下降。此外，通过 DSC 测试可知，骤冷处理过的 PP 的熔融熵从原始 PP 的 $122\,\text{kJ}\cdot\text{mol}^{-1}$ 降至 $90\,\text{kJ}\cdot\text{mol}^{-1}$，进一步验证了结晶度的下降。

在悬浮接枝聚合中，聚合时间、单体含量、双单体比例、引发剂、界面剂和分散介质的用量对接枝效果有较大的影响。因此，接下来主要讨论了这六个合成参数对 GMA 和 AM 接枝率的影响。

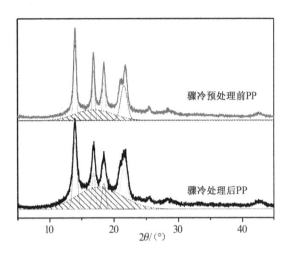

图 3-2 骤冷预处理前后 PP 的 XRD 谱图

图 3-3 为悬浮接枝时间对 GMA 和 AM 接枝率的影响。从图中可以看出，在悬浮接枝聚合前 2 h，GMA 和 AM 接枝率随着时间的增加而迅速增大，2 h 后接枝率上升速率变缓，3 h 达到最大值后基本稳定，最大接枝率分别为 GMA 16.4%、AM 10.6%。在 90 ℃下，BPO 的半衰期约为 1 h，因此在接枝开始前 2 h 内，BPO 大量分解并引发接枝反应，致使 GMA 和 AM 接枝率迅速增大；当接枝反应进行到 3 h 后，BPO 逐渐完全分解，致使单体接枝率不再增大。最优悬浮接枝时间主要受到引发剂分解的控制，由此确定了接枝聚合反应最佳时间为 3 h。

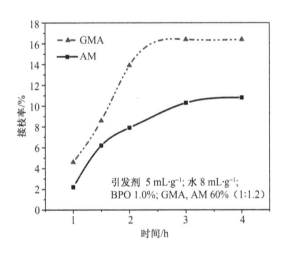

图 3-3 悬浮接枝时间对 GMA 和 AM 接枝率的影响

图 3-4 为单体比例（GMA∶AM 质量比）对 GMA 和 AM 接枝率的影响。从图中可以看出，GMA 和 AM 接枝率随着 GMA∶AM 比例的增加呈先增大、后略微减小的趋势，当 GMA∶AM 比例为 1.2∶1 时，单体接枝率均达到最大值。此外，还发现 GMA 的接枝率始终大于 AM 的接枝率，且具有相同的变化趋势。出现这些趋势与单体接枝聚合机理有关。在接枝聚合过程中，自制界面剂进入 PP 内部进行溶胀形成界面层，接枝反应主要在界面层进行，因此，油溶性单体 GMA 首先接枝于 PP 上，随着 GMA 含量的增大，GMA 接枝率增大，但是过多的 GMA 容易引发均聚副反应，造成 GMA 接枝率略微下降。而 AM 是水溶性单体，AM 需要通过 GMA 这个"桥梁"才能接枝于 PP 上，此外通过 $Q\text{-}e$ 值可知，GMA 和 AM 容易发生交替共聚，因此，GMA 的接枝率大于 AM 的接枝率，且具有相同的接枝率趋势。当 AM 含量过多时，AM 主要存在于水相中，而可用于共聚的 GMA 位点有限，因此 AM 接枝率下降较为平缓。

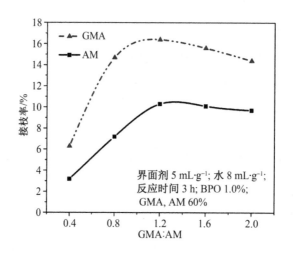

图 3-4 单体比例对 GMA 和 AM 接枝率的影响

图 3-5 为单体总含量（GMA、AM)％对 GMA 和 AM 接枝率的影响。从图中可以看出，GMA 和 AM 接枝率随着单体总含量的增加呈先增大、后减小的趋势，当总单体含量为 PP 质量的 60％时，单体接枝率均达到最大值。出现此趋势是由于适当增加单体含量能使单体与大分子自由基之间的有效碰撞增加，这有利于接枝反应的进行。此外，使用的 PP 是熔喷专用树脂，它的结晶度很高，约为 94％，尽管通过骤冷预处理使其无定型区域增大，但是其聚合空间仍有限，因此过高的单体浓度也有可能导致单体发生均聚副反应，均聚物与接枝产物之间也会影响单体、引发剂等的传质性能，使得单体接枝率有所下降。

相比于其它化学接枝聚合方法，悬浮接枝聚合过程使用了水作为分散介质。分散介质在悬浮接枝聚合过程中主要起两个作用：①通过分散介质和搅拌剪切力的共同作用将

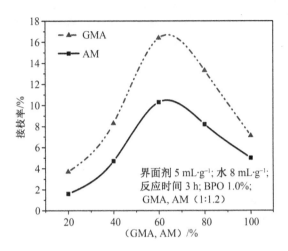

图 3-5　单体总含量对 GMA 和 AM 接枝率的影响

PP 颗粒独立分开，形成水悬浮体系；②大部分水溶性单体溶解在分散介质中，在接枝聚合过程中逐渐地向界面反应层扩散，使得界面反应层单体浓度维持在一个较低水平，以防止均聚副反应的发生，此外也有利于系统传热，使接枝聚合反应在较为温和的环境下进行。

图 3-6 为分散介质去离子水对 GMA 和 AM 接枝率的影响。从图中可以看出，GMA和 AM 接枝率随着分散介质用量的增加呈先增大、后减小的趋势，当分散介质去离子水用量为 8 mL·g^{-1} PP 时，单体接枝率均达到最大值。当分散介质用量较少时，去离子水不能有效地将 PP 颗粒分散开，实验现象表现为 PP 颗粒大块团聚在一起，导致接枝率很低；此外，分散介质较少意味着单体浓度增大，易产生均聚物。当分散介质用量过多时，

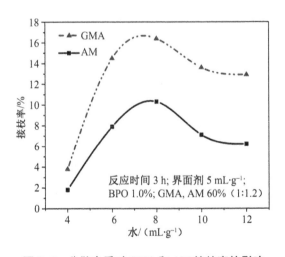

图 3-6　分散介质对 GMA 和 AM 接枝率的影响

尽管 PP 颗粒能够有效地被分散开，但是溶解于水中的单体浓度水平较低，致使分散介质和界面反应层之间的单体浓度梯度较小，单体不能有效地传质到界面反应层并参与接枝聚合反应。分散介质最佳用量主要与 PP 颗粒大小相关联。

引发剂 BPO 在加热的作用下，先分解为苯甲酰自由基，苯甲酰自由基由于空间位阻效应（魏无际 等，2005）再分解为苯自由基，苯自由基具有很强的夺 H 能力，尤其是 PP 大分子链上的 α-H。图 3-7 为引发剂 BPO 用量对 GMA 和 AM 接枝率的影响。从图中可以看出，GMA 和 AM 接枝率随着 BPO 用量的增加呈先增大、后减小的趋势，当 BPO 用量为 PP 质量的 1‰时，单体接枝率均达到最大值。苯自由基在空间有限的 PP 颗粒内流动和扩散较慢，有利于苯自由基夺取 PP 的 α-H 原子，在 PP 表面形成大分子自由基，进而引发单体接枝聚合。因此，适当增大 BPO∶PP 比值可以增大苯自由基的浓度，引发更多单体接枝反应。但是，苯自由基过多，容易产生爆聚，会增大均聚副反应产生，也会造成 PP 的降解。

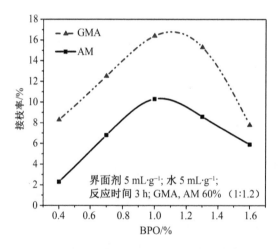

图 3-7　BPO 用量对 GMA 和 AM 接枝率的影响

本研究所用 GMA 和 AM 均是极性功能单体，与非极性 PP 的溶解度参数相差较大，致使单体很难溶胀 PP 无定型区域。所以，加入一定量的界面剂有助于增大 PP 溶胀程度和单体传质作用。图 3-8 为自制界面剂用量对 GMA 和 AM 接枝率的影响。从图中可以看出，GMA 和 AM 接枝率随着自制界面剂用量的增加呈先增大、后减小的趋势，当自制界面剂用量为 5 mL·g^{-1} PP 时，接枝率达到最大，此后 GMA 接枝率略微下降，而 AM 接枝率大幅下降。若自制界面剂用量过少，可提供溶胀和单体接枝聚合的区域小，此外，从实验现象上看，也很难形成悬浮体系，因此适当增加界面剂量有助于接枝反应。但是当自制界面剂用量过多时，GMA 在界面层浓度较低，影响了接枝过程，但是影响不大；而 AM 本身在界面剂溶解度就低，过多的界面剂严重影响了传质过程，因此 AM 接枝率大幅下降。

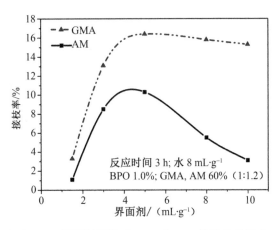

图 3-8　界面剂用量对 GMA 和 AM 接枝率的影响

上述研究考察了悬浮接枝聚合参数对单体接枝率的影响，成功获得 PP-g-(GMA-AM) 改性产物的"制备参数-化学结构"二元关系。接着，笔者将接枝产物制成 PP 改性纤维，然而，通过熔喷纺丝法制备改性 PP 纤维对原料有两个要求：一是对原料的流动性能有很高要求。本实验中单体 GMA 和 AM 支链具有极性，使得 PP 分子链间作用力增大，影响原料的流动性能。因此，在各个接枝率条件下产物能否顺利纺丝是必须探究的一个问题。二是对改性原料热稳定性能有要求，即在熔喷温度下，接枝产物不发生明显的分解、损耗。

图 3-9 为接枝率与接枝产物熔体流动速率（MFR）的关系图。从图中可以看出，当接枝率为零即未接枝改性 PP 的 MFR 为 1 300 g·10 min⁻¹ 左右，而接枝率为 6% 左右时，MFR 略微上升，这是因为接枝反应中 PP 大分子链上的 α-H 容易被 BPO 夺取并产生自由基，此时容易发生分子链中 β 键断裂，致使接枝产物分子量下降，从而 MFR 略微上升。此后接枝率继续增大，接枝产物的 MFR 迅速下降，极性的接枝支链间的氢键作用力增大，熔体流动性能下降，使得 MFR 下降。综合来看，该接枝产物熔体流动性能较好。

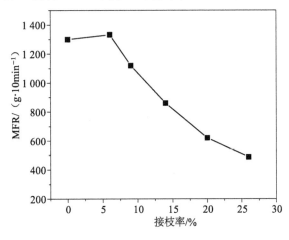

图 3-9　接枝率对接枝产物熔体流动速率的影响

3.3.3 PGA-IIF 印迹纤维的制备

悬浮接枝聚合后，PP-g-(GMA-AM) 纤维置于 $100 \ mg \cdot L^{-1}$ 的重铬酸钾水溶液中，于 pH＝3 和 25 ℃下震荡 90 min，使得 PP-g-(GMA-AM) 纤维活性基团充分与 Cr（Ⅵ）配位，制得负载 Cr（Ⅵ）的 PP-g-(GMA-AM) 纤维。在置于交联剂溶液中进行交联将这种印迹过程"记忆"下来，最后通过 $0.1 \ mol \cdot L^{-1}$ 氢氧化钠溶液将 Cr（Ⅵ）洗脱。图 3-10 为 PGA-IIF 印迹纤维制备机理图。

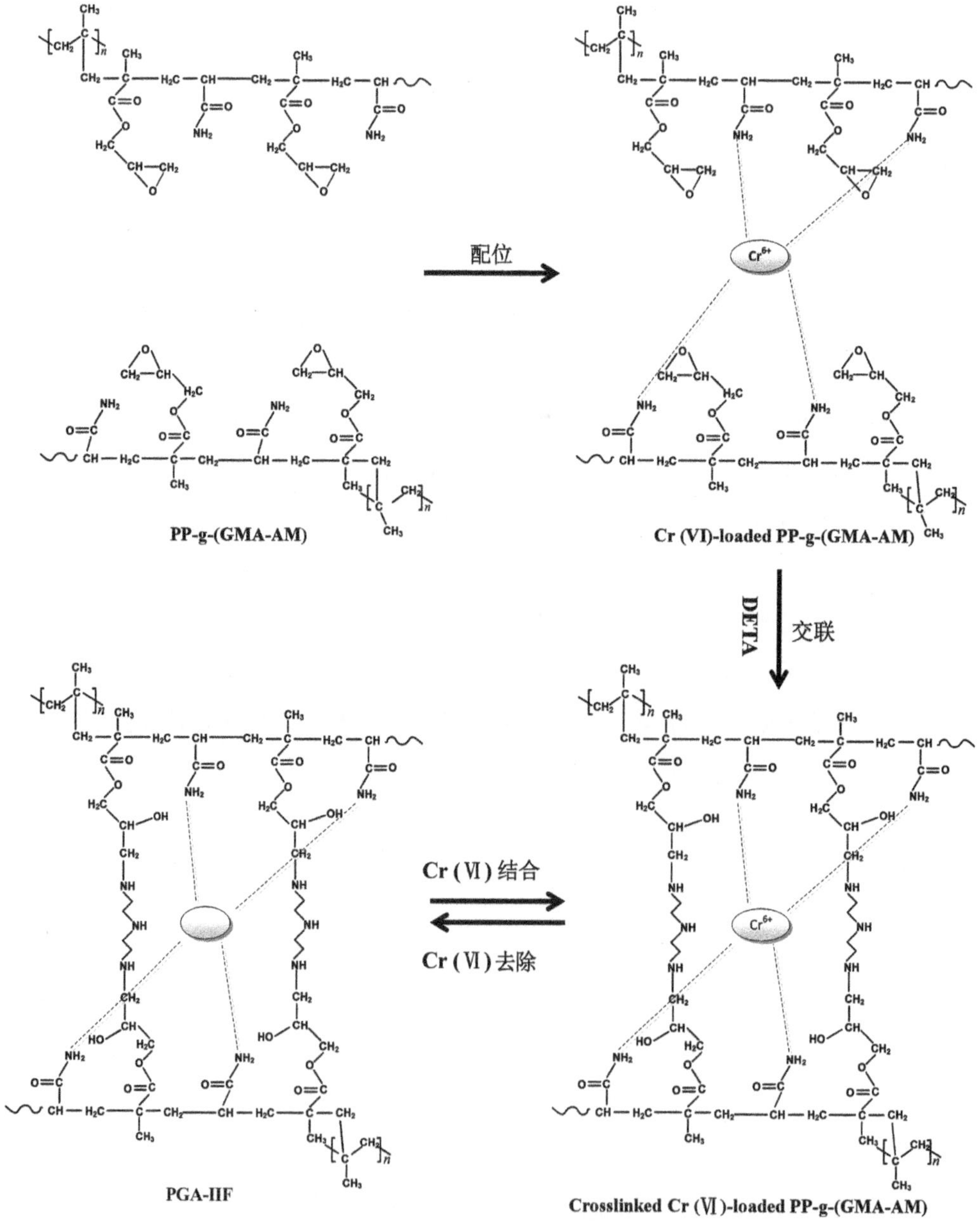

图 3-10　PGA-IIF 印迹纤维制备机理图

在本研究中交联剂选用二乙烯三胺（DETA），交联机理同第二章类似，都是通过环氧基和胺基发生开环反应，因此交联反应条件与第二章交联过程类似。

3.3.4　PGA-IIF 印迹纤维的表征

热稳定性能对于 PP 悬浮接枝产物尤其重要，因为熔喷纺丝过程接枝产物历经高温过程且呈熔融态，因此，接枝产物树脂在熔喷操作温度下不发生分解损失是首要考察的。图 3-11（a）（b）分别为 PP 树脂、PP-g-(GMA-AM) 树脂和 PGA-IIF 纤维的热失重 TG 曲线和热失重一次微分 DTG 曲线。从图（a）中可以看出，相比于未改性 PP 树脂，悬浮接枝改性后的 PP-g-(GMA-AM) 树脂热稳定较好，在 250 ℃ 前没有明显的质量损失，有部分失重可能是由于酰胺基团的缔合结合水，说明该接枝产物热稳定性能符合熔喷纺丝过程的温度（最高 220 ℃）要求。PGA-IIF 印迹纤维由于有交联部分的存在，在 500 ℃ 到 700 ℃ 仍有部分交联产物存在，也从另一方面证明了该印迹纤维的结构。此外从图（b）中可以看出，PGA-IIF 印迹纤维最大降解速率温度略大于 PP 树脂和 PP-g-(GMA-AM) 树脂，这也是由于交联作用的原因。

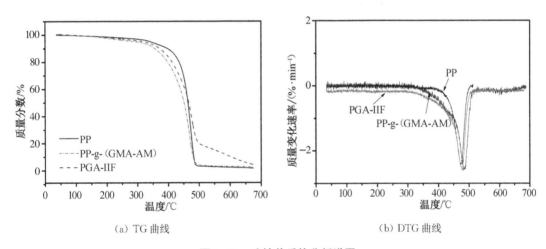

(a) TG 曲线　　　　　　　　　　(b) DTG 曲线

图 3-11　改性前后热分析谱图

图 3-12 为 PP 纤维、PP-g-(GMA-AM) 纤维和 PGA-IIF 纤维的 SEM 图。从图中可以看出，悬浮接枝改性后的 PP-g-(GMA-AM) 纤维与未改性 PP 纤维的表面形貌、纤维细度无明显变化，这与等离子体聚合改性 PP 纤维结果有所不同。等离子体聚合改性 PP 纤维是先制备纤维，后在纤维表面改性；而本章节悬浮接枝改性是先改性成 PP-g-(GMA-AM) 树脂后制备纤维，PP-g-(GMA-AM) 纤维形貌、细度等更多的是受到熔喷工艺、机器性能的控制，因此，改性前后表面形貌相差不大，也表明熔喷工艺是一个温和的过程。此外，这种先改性后制备纤维的方法更利于工业化生产。而通过表面印迹化的 PGA-IIF

纤维表面形貌相比于 PP-g-(GMA-AM) 纤维有所不同，表面粗糙多孔，有沟壑起伏，主要由模板物质 Cr（Ⅵ）吸附、交联固定所决定。结果与第二章及相关文献报道一致。

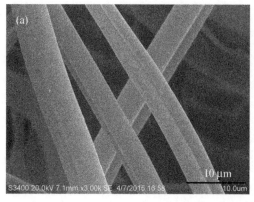
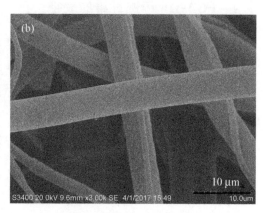

（a）PP 纤维　　　　　　　　　　　　　（b）PP-g-(GMA-AM) 纤维

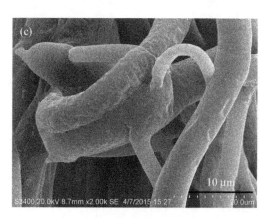

（c）PGA-IIF 纤维

图 3-12　改性前后 PP 纤维的 SEM 图

图 3-13 (a)(b) 和 (c) 分别为接枝单体、PP 和 PP-g-(GMA-AM)、PGA-IIF 印迹纤维的傅里叶变换红外谱图。从图 (b) 可以看出，相比于 PP 的红外谱图，PP-g-(GMA-AM) 具有 PP 的典型红外特征吸收峰：$2\,924\ cm^{-1}$ 和 $2\,842\ cm^{-1}$ 为 CH、CH_2 的非对称和对称伸缩振动峰，$1\,380\ cm^{-1}$ 为 CH_2 的弯曲振动峰，$1\,450\ cm^{-1}$ 为 CH 的吸收峰。此外，PP-g-(GMA-AM) 还具有接枝单体的红外特征吸收峰：在波数为 $1\,725\ cm^{-1}$ 处为 GMA 酯羰基的碳氧双键伸缩振动吸收峰，在波数为 $1\,151\ cm^{-1}$ 处为 GMA 酯羰基的 C—O 振动吸收峰，$902\ cm^{-1}$ 处和 $840\ cm^{-1}$ 处分别出现环氧基的 $14\,\mu$ 和 $12\,\mu$ 振动伸缩吸收峰；在波数为 $3\,540\ cm^{-1}$ 处到 $3\,125\ cm^{-1}$ 处的宽阔峰为 AM 中伯酰胺的 N—H 伸缩振动吸收双峰；AM 的 C＝O 伸缩振动吸收峰由于氮原子上未共用电子对与羰基的 p-π 共轭，使得红外波

数相比于 GMA 中的 C＝O 键向低波数位移，因此红外波数为 1 668 cm^{-1} 处为 AM 的 C＝O 伸缩振动吸收峰。相比于图（b），图（c）中 PGA-IIF 印迹纤维的红外谱图与 PP-g-(GMA-AM) 相似，只不过是 902 cm^{-1} 处和 840 cm^{-1} 处的环氧特征吸收峰消失，这是由于 DETA 和环氧基开环交联造成的。

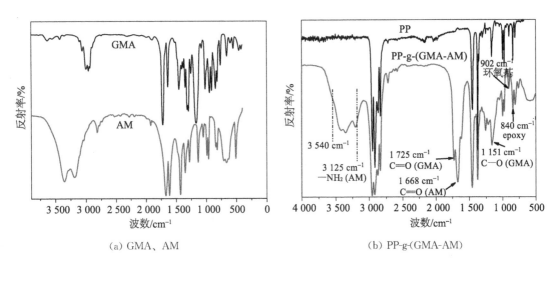

(a) GMA、AM   (b) PP-g-(GMA-AM)

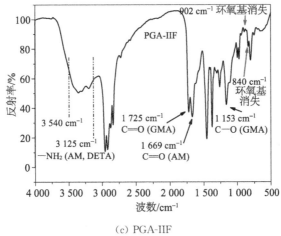

(c) PGA-IIF

图 3-13　单体、PP 和 PP-g-(GMA-AM)、PGA-IIF 纤维的红外谱图

图 3-14 为 PGA-IIF 印迹纤维的 XPS 谱图。图（a）和（b）分别为 PGP-IIF 印迹纤维宽谱图和 C1s 窄谱图。相比于图 2-11 中 PP 纤维的 XPS 谱图，PGA-IIF 印迹纤维由于 GMA 和 AM 单体的引入含有大量的氧元素和氮元素。通过 XPSPEAK 软件对 C1s 分峰并拟合可知，在 288.9 eV 为 GMA 中的酯羰基键，286.5 eV 为 C—O—C 键，285.3 eV 为 AM 上酰胺基团的 C—N 键，拟合曲线与测试曲线吻合度较高。

PGA-IIF 印迹纤维依次通过丙酮和去离子水清洗去除未聚合单体和均聚物，因此，通过表面红外谱图和 XPS 谱图可以认为 GMA 和 AM 成功共接枝聚合在 PP 表面，并保持较为完整的化学结构，且成功通过表面印迹过程制得 PGA-IIF 纤维。

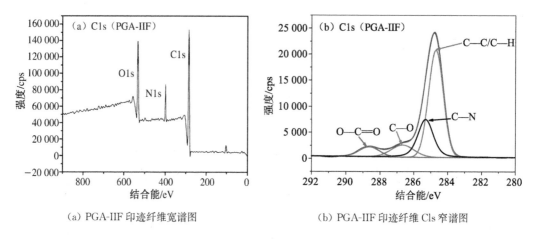

（a）PGA-IIF 印迹纤维宽谱图　　　　　（b）PGA-IIF 印迹纤维 C1s 窄谱图

图 3-14　PGA-IIF 印迹纤维的 XPS 谱图

图 3-15（a）（b）分别为 PGA-IIF 印迹纤维的水接触角图和 Δp^2-t 关系曲线。从图（a）水接触角图可以看出，去离子水滴在 PGA-IIF 印迹纤维表面瞬间铺展开，说明纤维的亲水性较好。从图（b）Δp^2-t 关系图可以看出，PP 的关系曲线几乎是一条平行于横轴的直线，因为 PP 本身不亲水，去离子水不会沿着填装孔隙借助毛细管力作用上升，并造成压力变化；而脱脂棉和 PGA-IIF 印迹纤维具有较好的亲水性，在本研究中，$K_0 =$ 42.2，由式（2-7）可以计算得 PGA-IIF 印迹纤维的接触角为 61°。

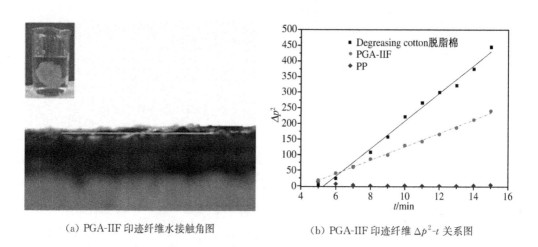

（a）PGA-IIF 印迹纤维水接触角图　　　　（b）PGA-IIF 印迹纤维 Δp^2-t 关系图

图 3-15　PGA-IIF 印迹纤维亲水性分析

3.4　结论

本章基于悬浮接枝聚合，并结合 Cr（Ⅵ）离子印迹技术，制备 PGA-IIF 印迹纤维。对影响悬浮接枝单体接枝率的合成条件进行了研究，并对纤维改性前后进行一系列表征，得出以下主要结论：

（1）讨论了悬浮接枝单体 GMA 和 AM 共聚合 PP 机理。每颗 PP 树脂均可以看做一个独立的"反应床"，在"反应床"内，油溶性单体 GMA 首先在油溶性引发剂的作用下接枝于 PP 表面，AM 在自制界面剂/去离子水中的分配系数为 1∶24，但根据与 GMA 的 Q-e 值关系，AM 能够通过 GMA 作为"桥梁"，使它们交替共接枝于 PP 表面。

（2）探究了悬浮接枝条件对单体接枝率的影响。结果表明：GMA 和 AM 的接枝率随着接枝聚合时间的延长而增大，在 3 h 后趋于稳定。此外 GMA 和 AM 的接枝率随着单体比例（GMA∶AM）、总单体含量、引发剂含量、界面剂含量和分散剂含量的增大呈先增大、后减小的趋势。最佳悬浮接枝聚合参数：聚合时间 3 h、单体比例（GMA∶AM）1.2∶1、总单体含量 60%、引发剂 1.0%、界面剂 5 mL·g^{-1} 和分散剂 8 mL·g^{-1}。此时 GMA 和 AM 接枝率分别为 16.4% 和 10.6%。

（3）对 PGA-IIF 纤维进行了表征。相比于 PP 纤维的 SEM 图，PP-g-(GMA-AM) 纤维细度无明显变化；而经过印迹过程的 PGP-IIF 纤维粗糙多孔，有沟壑起伏状。通过 FT-IR 和 XPS 测试，确定了各个制备阶段改性纤维的表面基团和元素组成结构。热分析测试表明，随着温度的上升，失重速率大小顺序为：PP-g-(GMA-AM) 纤维＞PGA-IIF 纤维＞PP 纤维。亲水性分析显示：去离子水在滴入 PGA-IIF 表面的瞬间铺展开来，通过毛细管力微压法测定其相对接触角为 61°，PGA-IIF 的亲水性好。

第四章 PGP-IIF 和 PGA-IIF 对 Cr（Ⅵ）的吸附特性研究

4.1 引言

Cr（Ⅵ）具有高水溶性、阴离子结构相似性和强氧化性等特点，若水中 Cr（Ⅵ）未经处理或者处理不达标即排放到环境中，可通过食物链的累积对人体造成巨大危害，去除废水中 Cr（Ⅵ）的问题迫在眉睫。第二章和第三章分别基于等离子体聚合和悬浮接枝聚合制备 PGP-IIF 印迹纤维和 PGA-IIF 印迹纤维，研究了制备条件参数与纤维化学结构的关系，并对它们进行了表征。为进一步探究 PGP-IIF 和 PGA-IIF 的"化学结构-吸附效果"关系，本章节主要考察它们对 Cr（Ⅵ）的吸附特性。采用振荡吸附的方法，探究不同吸附条件如溶液 pH、吸附时间、初始 Cr（Ⅵ）浓度、反应温度等，PGP-IIF 和 PGA-IIF 对 Cr（Ⅵ）的吸附特点，以探索出最佳吸附条件，并了解它们对 Cr（Ⅵ）的吸附行为。

4.2 实验部分

4.2.1 主要试剂及仪器

主要实验材料及试剂见表 4-1，其它未列试剂均为分析纯，直接使用。主要实验仪器及设备见表 4-2。

表 4-1 主要实验材料及试剂

材料、试剂名称	级别	生产厂商	用途
PP 纤维	—	实验室自制	吸附材料
PGP-IIF	—	实验室自制	吸附材料

（续表）

材料、试剂名称	级别	生产厂商	用途
PGA-IIF	——	实验室自制	吸附材料
重铬酸钾	分析纯	上海凌峰化学试剂有限公司	吸附质
氢氧化钾	分析纯	国药集团化学试剂有限公司	调节 pH
盐酸	分析纯	上海凌峰化学试剂有限公司	调节 pH
二苯碳酰二肼	分析纯	国药集团化学试剂有限公司	显色剂
去离子水	——	实验室自制	配制 Cr（Ⅵ）溶液

表 4-2　主要实验仪器及设备

仪器、设备名称	型号	生产厂商	用途
恒温振荡器	HYG-A	太仓市实验设备厂	吸附振荡装置
紫外可见分光光度计	L9	上海仪电分析仪器有限公司	测定 Cr（Ⅵ）浓度
pH 计	pHS-2C	杭州东星仪器设备厂	测定溶液 pH

4.2.2　实验方法

所有吸附实验均为静态试验，每组实验重复 3 次并做空白实验，相对误差要求小于 5%，结果数值取平均数。实验室使用重铬酸钾和去离子水自制含 Cr（Ⅵ）模拟溶液。

4.2.2.1　pH 影响实验

取 50 mL 浓度为 100 mg·L^{-1} 的 Cr（Ⅵ）模拟溶液于 250 mL 具塞磨口锥形瓶中，加入 0.05 g 的印迹纤维，通过氢氧化钾和盐酸调节 Cr（Ⅵ）模拟溶液的 pH，在 30 ℃下以 200 r·min^{-1} 振荡吸附 120 min，振荡吸附结束测定溶液中 Cr（Ⅵ）浓度，并通过式（4-1）计算 Cr（Ⅵ）吸附量：

$$Q = \frac{V(C_0 - C_1)}{m} \tag{4-1}$$

式中：Q 为吸附量，mg·g^{-1}；

V 为 Cr（Ⅵ）模拟溶液体积，L；

C_0 和 C_1 分别为吸附前和吸附后模拟溶液中 Cr（Ⅵ）浓度，mg·L^{-1}；

m 为印迹纤维的质量，g。

4.2.2.2　吸附动力学实验

取 50 mL 浓度为 100 mg·L^{-1} 的 Cr（Ⅵ）模拟溶液于 250 mL 具塞磨口锥形瓶中，

79

加入 0.05 g 的吸附纤维，调节 pH 为最佳，在 30 ℃下以 200 r·min⁻¹ 振荡吸附 120 min，分别在 0、15、30、45、60、90 和 120 min 时测定 Cr（Ⅵ）浓度并通过式（4-1）计算 Cr（Ⅵ）吸附量。

4.2.2.3 吸附等温线实验

取 100 mL 浓度分别为 20、40、60、80、100 mg·L⁻¹ 的 Cr（Ⅵ）模拟溶液于 250 mL 具塞磨口锥形瓶中，加入 0.05 g 的吸附纤维，调节 pH 为最佳，分别在 20、27、35 ℃下以 200 r·min⁻¹ 振荡吸附 120 min，振荡吸附结束测定溶液中 Cr（Ⅵ）浓度，并通过公式（4-1）计算 Cr（Ⅵ）吸附量。

4.2.2.4 Cr（Ⅵ）的测定方法

水中 Cr（Ⅵ）浓度的测定通过二苯碳酰二肼分光光度法测定（GB 7467—1987），原理是在酸性溶液中，Cr（Ⅵ）与二苯碳酰二肼反应生成紫红色化合物。具体步骤如下：

（1）显色剂的配制：将 0.2 g 二苯碳酰二肼溶于 50 mL 丙酮中，加水稀释至 100 mL，摇匀，置于棕色瓶并在冰箱中保存。

（2）标准曲线绘制：向 50 mL 比色管中分别加入 0、0.20、0.50、1.00、2.00、4.00、6.00、8.00、10.00 mL 铬标准溶液（1.00 μg·mL⁻¹），用水稀释至标线。加入 0.5 mL 硫酸溶液和 0.5 mL 磷酸溶液，摇匀。加入 2 mL 显色剂，摇匀。静置 5～10 min 后，以去离子水做参比，用紫外分光光度计在 540 nm 处测定吸光度，建立浓度-吸光度标准曲线。标准曲线拟合方程为 $y = 0.008\,1x + 0.053\,0$。

（3）标准曲线绘制：取适量 Cr（Ⅵ）试样［Cr（Ⅵ）少于 50 μg］，置于 50 mL 比色管中，用水稀释至标线。加入 0.5 mL 硫酸溶液和 0.5 mL 磷酸溶液，摇匀。加入 2 mL 显色剂，摇匀。静置 5～10 min 后，以去离子水做参比，用紫外分光光度计在 540 nm 处测定吸光度，对应浓度-吸光度标准曲线确定 Cr（Ⅵ）浓度。

4.2.2.5 零电荷点测定

将一系列 0.01 mol·L⁻¹ 的氯化钠溶液煮沸以去除二氧化碳等气体，并冷却至室温，用盐酸和氢氧化钠调节至指定 pH，并记录。将印迹纤维浸入这一系列溶液中 24 h 后，记录溶液 pH。pH 数值前后不变的为零电荷点。

4.3 结果与讨论

4.3.1 pH 对吸附效果的影响

pH 在重金属吸附研究中是一个非常重要的参数，它决定了吸附材料的表面性质，而且也影响重金属离子在溶液中的存在形态，涉及包括水解、配位、静电引力和氧化还原等反应。因此，本研究固定其它吸附条件，改变 Cr（Ⅵ）溶液的 pH，探究不同 pH 条件下两种印迹纤维 PGP-IIF 和 PGA-IIF 对 Cr（Ⅵ）吸附量的影响，结果如图 4-1 所示。

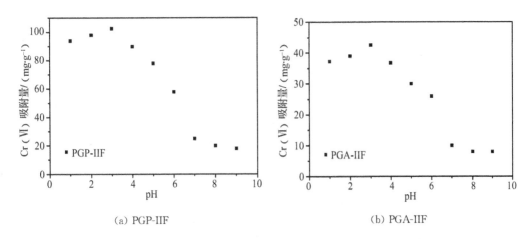

图 4-1　PGP-IIF 和 PGA-IIF 在不同 pH 下对 Cr（Ⅵ）吸附量曲线

从图中可以看出，随着 Cr（Ⅵ）溶液 pH 的增大，PGP-IIF 印迹纤维和 PGA-IIF 印迹纤维对 Cr（Ⅵ）的吸附量缓慢增大，在 pH 为 3 时，Cr（Ⅵ）吸附量分别达到最大值 $102.6 \, mg \cdot g^{-1}$ 和 $43.2 \, mg \cdot g^{-1}$，随后 Cr（Ⅵ）吸附量随着 pH 的增大迅速减小，当 pH 为 9 时，Cr（Ⅵ）吸附量均减少至最小。

由图 1-1 不同 pH、浓度条件下 Cr（Ⅵ）在溶液中的存在形式可知，Cr（Ⅵ）在溶液中主要有四种存在形式：铬酸根（CrO_4^{2-}）、重铬酸根（$Cr_2O_7^{2-}$）、铬酸氢根（$HCrO_4^-$）和铬酸（H_2CrO_4）。这主要是由溶液 pH 和 Cr（Ⅵ）浓度所决定，它们之间的关系式如下（Miretzky et al.，2010）：

$$H_2CrO_4 \longleftrightarrow H^+ + HCrO_4^- \tag{4-2}$$

$$HCrO_4^- \longleftrightarrow CrO_4^{2-} + H^+ \tag{4-3}$$

$$2HCrO_4^- \longleftrightarrow Cr_2O_7^{2-} + H_2O \tag{4-4}$$

本实验 pH 范围为 1～9，Cr（Ⅵ）初始浓度为 $100 \, mg \cdot L^{-1}$，因此，溶液中 Cr（Ⅵ）的存在形式主要为 CrO_4^{2-} 和 $HCrO_4^-$。在 pH 为 3 时，溶液中有大量游离的 H^+，能与 PGP-IIF 和 PGA-IIF 表面的胺基 NH_2 以及羟基 OH 等基团中的 N、O 原子的孤对电子结合，使它们质子化成带正电的 $-NH_3^+$ 和 $-OH_2^+$，此时溶液中 Cr（Ⅵ）存在形式主要为阴离子，因此，阴离子能与带正电的质子化功能基团通过静电作用而结合吸附。有文献实验证实：Cr（Ⅵ）的吸附不是全部与吸附材料表面的 NH_2 和 OH 通过配位键相结合，而是主要以静电引力结合（Fritz et al.，1974）。

当 pH 小于 3 时，纤维的 Cr（Ⅵ）吸附量略微减小，这是因为在此 pH 范围内，$HCrO_4^-$ 会部分转化为非离子态的 H_2CrO_4，后者难以和质子化的功能基团结合，所以纤维对 Cr（Ⅵ）的吸附量有所减小，此外，过低 pH 条件下，水溶液氧化势高，Cr（Ⅵ）可能还原为 Cr（Ⅲ）（式 4-5），这也是不利于吸附的（Yusof et al.，2009）。

$$HCrO_4^- + 7H^+ + 3e^- \longleftrightarrow Cr^{3+} + 4H_2O \tag{4-5}$$

而当 pH 大于 3 并逐渐增大时，纤维表面功能基团去质子化程度增加，溶液中 OH^- 含量逐渐增大，这时出现了 OH^- 和 Cr（Ⅵ）阴离子的竞争吸附关系。此外，在制备印迹纤维中，与 Cr（Ⅵ）配位的条件是 pH=3，此时 Cr（Ⅵ）模板离子主要是 $HCrO_4^-$，而 pH 逐渐增大到 8 时，Cr（Ⅵ）主要以 CrO_4^{2-} 形态存在，这种静电印迹记忆共同作用导致纤维对 Cr（Ⅵ）吸附量的减小，这与文献报道相一致（Bayramoglu et al.，2011；Etemadi et al.，2017；Fang et al.，2007）。

上述结果也与两种纤维的零电荷点 pH_{pzc} 数据相一致。零电荷点指吸附材料表面电势为 0 的情形，用来表征吸附材料表面酸碱性的一个重要参数，当溶液 pH 低于 pH_{pzc} 时，吸附材料表面功能基团与质子 H^+ 相结合而带正电；当溶液 pH 高于 pH_{pzc} 时，吸附材料表面功能基团出现去质子化现象，并且与 OH^- 相结合而带负电。表 4-3 为两种印迹纤维的 pH 漂移值数据，从表中可以看出，两种印迹纤维在最佳 pH 下，即 pH=3 时，有相对较高的 pH 漂移值（初始 pH－最终 pH），说明在 pH=3 时纤维表面带有的正电荷数最多，此时对以阴离子结构存在的 Cr（Ⅵ）吸附量最大。此外，两种纤维的 pH_{pzc} 均在 7 左右，说明在此 pH 后，纤维表面呈负电性，不利于对 Cr（Ⅵ）的静电吸附。

表 4-3 PGP-ⅡF 和 PGA-ⅡF 的 pH 漂移值

酸碱值	PGP-ⅡF	PGA-ⅡF
pH=1	1.42	0.79
pH=3	1.54	1.06
pH=5	0.96	0.56
pH=7	0.23	0.03
pH=9	−1.16	−0.88

4.3.2 吸附动力学

图 4-2 为 PGP-ⅡF 和 PGA-ⅡF 在不同吸附时间内对溶液中 Cr（Ⅵ）的吸附量情况。

从图中可以看出，两种印迹纤维在前 30 min 内吸附速率很快，Cr（Ⅵ）吸附量均能达到饱和吸附量的 80% 左右；随后 Cr（Ⅵ）吸附量随着吸附时间的增加而缓慢增大，当吸附时间超过 90 min 时，Cr（Ⅵ）吸附量几乎不再增大，吸附达到饱和，饱和吸附量分别为 102.6 mg·g^{-1} 和 43.2 mg·g^{-1}。前 30 min 吸附速率较快是由于纤维表面存在大量可用于吸附的活性位点，随着吸附活性位点逐渐减少，Cr（Ⅵ）吸附量缓慢增大，直至饱和。

此外，本研究也对比了 PGP-IIF 和 PGA-IIF 相对应的非印迹纤维的吸附动力学曲线，结果发现，非印迹纤维约需要 110 min 才能达到吸附饱和，PGP-IIF 和 PGA-IIF 吸附速率相对较快是因为纤维结构之间存在与 Cr（Ⅵ）大小、形状、电荷等相一致的三维识别空穴，能对 Cr（Ⅵ）快速地识别。

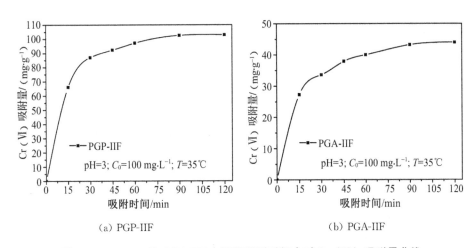

（a）PGP-IIF　　　　　　　　　　（b）PGA-IIF

图 4-2　PGP-IIF 和 PGA-IIF 在不同吸附时间内对 Cr（Ⅵ）吸附量曲线

为了更进一步研究 PGP-IIF 和 PGA-IIF 对溶液中 Cr（Ⅵ）的吸附动力学特征，本研究选取了两种动力学模型（准一级吸附动力学模型和准二级吸附动力学模型）对 Cr（Ⅵ）吸附数据进行拟合分析，并探究吸附行为。而另一常用的动力学模型——颗粒内扩散模型，不适用于本研究，因为本研究所制备的印迹纤维属于表面吸附，不存在孔内扩散过程。

（1）准一级吸附动力学模型

Lagergren（1898）提出用准一级吸附动力学模型分析吸附过程，方程可以表示为：

$$\log(q_e - q_t) = \log q_e - k_1 t \tag{4-6}$$

式中：q_e 为平衡吸附量，mg·g^{-1}；

　　　q_t 为时间 t 时的吸附量，mg·g^{-1}；

　　　k_1 为准一级动力学模型速率常数，1·min^{-1}。

以吸附时间 t 为横坐标，以 $\log(q_e - q_t)$ 为纵坐标作线性直线图，q_e 通过该线形图的 y 轴截距求出，k_1 通过该线形图的斜率求出。

（2）准二级吸附动力学模型

Ho 等（1999）提出准二级吸附动力学模型分析吸附过程，其线性方程可以表示为：

$$\frac{t}{q_t} = \frac{1}{k_2 q_e^2} + \frac{t}{q_e} \tag{4-7}$$

式中：q_e 为平衡吸附量，$\mathrm{mg \cdot g^{-1}}$；

q_t 为时间 t 时的吸附量，$\mathrm{mg \cdot g^{-1}}$；

k_2 为准二级动力学模型速率常数，$\mathrm{g \cdot mg^{-1} \cdot min^{-1}}$。

以吸附时间 t 为横坐标，以 t/q_t 为纵坐标作线性直线图，q_e 通过该线形图的斜率求出，k_2 通过该线形图的纵轴截距求出。

图 4-3 为 PGP-IIF 和 PGA-IIF 对 Cr（Ⅵ）的准一级和准二级吸附速率回归方程，表 4-4 为 PGP-IIF 和 PGA-IIF 对 Cr（Ⅵ）的动力学参数。从图表中可以看出，PGP-IIF 和 PGA-IIF 的准二级吸附动力学模型相关系数（$R^2 = 0.990$ 和 $R^2 = 0.986$）均比准一级吸附动力学模型的相关系数（$R^2 = 0.950$ 和 $R^2 = 0.942$）更接近 1，而且饱和吸附量计算值均与实验值更接近。一般情况下，认为符合准一级吸附动力学模型的吸附过程属于物理吸附，吸附速率与吸附材料表面未占据位点数成正比。准二级吸附动力学模型的吸附过程为化学吸附过程，表面吸附材料与 Cr（Ⅵ）通过共用电子对、电荷交换、静电引力等实现化学吸附。因此，可以用准二级吸附动力学模型来描述 PGP-IIF 和 PGA-IIF 对 Cr（Ⅵ）的吸附行为过程，是吸附速率的关键控制因素。

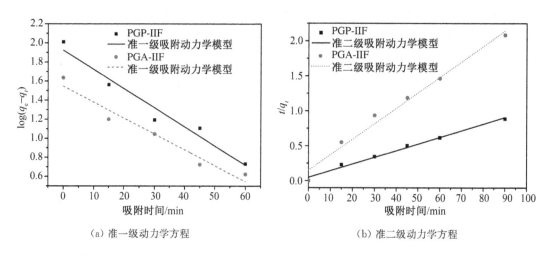

（a）准一级动力学方程　　　　　　　（b）准二级动力学方程

图 4-3　PGP-IIF 和 PGA-IIF 对 Cr（Ⅵ）的准一级和准二级吸附速率回归方程

半饱和吸附时间 $t_{1/2}$ 指吸附材料吸附一半饱和吸附量所需的时间，通常用来描述吸附材料的吸附速率。在实际吸附应用中，不会等到吸附材料吸附饱和才去再生或者更换，因为吸附材料在后期吸附速率很慢，因此，半饱和吸附时间对吸附应用更具有实际意义。本研究中 PGP-IIF 和 PGA-IIF 对 Cr（Ⅵ）的吸附过程可用准二级吸附动力学模型表示，将半饱和吸附时间 $t_{1/2}$ 代入准二级动力学线性式可得：$t_{1/2}=1/(k_2q_e)$，求得半饱和吸附时间 $t_{1/2}$ 分别为 5.3 min 和 5.6 min，说明 PGP-IIF 和 PGA-IIF 能在很短的时间就能达到饱和吸附量的一半。查阅文献报道的半饱和吸附时间，例如 Uygun 等（2013）等制备 Cr（Ⅵ）Poly（HEMAH）纳米印迹粒子，在 pH 为 4、初始浓度 7 000 mg·L^{-1}、温度 25 ℃下的半饱和吸附时间约为 15 min；Tavengwa 等（2013）等制备磁性季胺化聚四乙烯吡啶 Cr（Ⅵ）印迹颗粒，在 pH 为 4、初始浓度 5 mg·L^{-1}、室温下的半饱和吸附时间约为 15 min。纳米粒子或者微球都存在孔内扩散情况，因此半饱和吸附时间相对表面印迹聚合物要长。表 4-5 为部分文献所报道的 Cr（Ⅵ）吸附材料的半饱和吸附时间和吸附量，相比之下，本研究的 PGP-IIF 和 PGA-IIF 在 Cr（Ⅵ）吸附量和吸附速率上均有一定优势。

表 4-4　PGP-IIF 和 PGA-IIF 对 Cr（Ⅵ）的动力学参数

印迹纤维	$q_{实验值}$/ (mg·g^{-1})	准一级吸附动力学			准二级吸附动力学		
		$q_{计算值}$/ (mg·g^{-1})	k_1/ min^{-1}	R^2	$q_{计算值}$/ (mg·g^{-1})	k_2/ (g·mg^{-1}·min^{-1})	R^2
PGP-IIF	102.6	83.95	0.020 1	0.950	105.26	0.001 8	0.990
PGA-IIF	43.2	35.14	0.016 7	0.942	45.25	0.003 9	0.986

表 4-5　文献报道 Cr（Ⅵ）吸附材料的半饱和吸附时间和吸附量比较

吸附材料	形貌特征	吸附条件	$t_{1/2}$/min	吸附量/ (mg·g^{-1})
Pinus sylvestris（Oguz, 2005）	微粒 125～250 μm	pH=1.5, 25℃	—	48.8
quaternized Poly（4 - VP）（Tavengwa et al., 2013）	微球 27～53 μm	pH=4, 25℃	15	6.2
PEGMA-VI（Uguzdogan et al., 2010）	微球 10～50 μm	pH=3, 25℃	—	108
PAN/Ppy（Wang et al., 2013）	纤维～258 nm	pH=2, 25℃	11.9	37.6
KF/PAN（Zheng et al., 2012）	纤维～12 μm	pH=4.5, 30℃	20	44.1
SAP（Karthik et al., 2015）	纤维 纳米级	pH=2, 30℃	13	48.1
α-Fe_2O_3 nanofibers（Ren et al., 2014）	纤维 纳米级	pH=3, 25℃	0.2	16.2

（续表）

吸附材料	形貌特征	吸附条件	$t_{1/2}$/min	吸附量/$(mg \cdot g^{-1})$
PPy/Fe$_3$O$_4$ （Aigbe et al.，2018）	微粒 纳米级	pH=2，33℃	3.89	75.8
MRC resin （Coskun et al.，2018）	树脂	pH=2，35℃	36	43..9
PGP-IIF （本研究）	纤维～7 μm	pH=3，35℃	5.3	102.6
PGA-IIF （本研究）	纤维～7 μm	pH=3，35℃	5.6	43.2

4.3.3 吸附等温线

吸附等温线阐述的是在固定温度下，当吸附系统达到平衡时，吸附材料与吸附质之间的数学关系，表征了吸附材料的吸附性能，为热力学研究提供了最基本的参数。本研究选取了三种等温吸附模型（Langmuir 等温式、Freundlich 等温式和 Temkin 等温式）对 Cr（Ⅵ）等温吸附数据进行拟合分析。

（1）Langmuir 等温式（Langmuir，1918）

Langmuir 基于分子动理论和一些假定提出了 Langmuir 等温式，认为吸附材料具有均匀的吸附表面，对吸附质具有相同的吸附能，且是单分子层吸附。理论上，吸附材料达到饱和后，吸附解吸达到平衡，其方程可以表达为：

$$q_e = \frac{q_m K_L C_e}{1 + K_L C_e} \tag{4-8}$$

式中：q_e 为吸附平衡时的吸附量，$mg \cdot g^{-1}$；

q_m 为理论最大的吸附量，$mg \cdot g^{-1}$；

C_e 为吸附平衡时吸附质在溶液中的浓度，$mg \cdot L^{-1}$；

K_L 为 Langmuir 吸附平衡常数，$L \cdot mg^{-1}$。

以 $1/C_e$ 为横坐标，以 $1/q_e$ 为纵坐标作线性直线图，$1/q_m$ 为直线的纵轴截距，$1/q_m K_L$ 为直线的斜率。

（2）Freundlich 等温式（Freundlich，1907）

Freundlich 等温理论认为吸附材料具有非均一的吸附表面，吸附材料对吸附质具有不同的吸附能，且是多分子层吸附，其方程可以表达为：

$$q_e = K_F C_e^{\frac{1}{n}} \tag{4-9}$$

式中：q_e 为吸附平衡时的吸附量，$mg \cdot g^{-1}$；

C_e 为吸附平衡时吸附质在溶液中的浓度，$mg \cdot L^{-1}$；

K_F 为 Freundlich 吸附平衡常数；

n 为非均质系数。

以 $\ln C_e$ 为横坐标，以 $\ln q_e$ 为纵坐标作线性直线图，$\ln K_F$ 为直线的纵轴截距，$1/n$ 为直线的斜率。

（3）Temkin 等温式（Temkin et al.，1940）

Temkin 等温式认为在吸附质之间的作用某种程度上间接影响吸附平衡过程。其方程可以表达为：

$$q_e = B_T \ln(K_T C_e) \tag{4-10}$$

式中：q_e 为吸附平衡时的吸附量，$mg \cdot g^{-1}$；

C_e 为吸附平衡时吸附质在溶液中的浓度，$mg \cdot L^{-1}$；

K_T 为 Temkin 吸附平衡常数；

以 $\ln C_e$ 为横坐标，以 q_e 为纵坐标作线性直线图，$B_T \ln K_T$ 为直线的纵轴截距，B_T 为直线的斜率。

图 4-4 为不同 Cr（VI）初始浓度和不同温度下 PGP-IIF 和 PGA-IIF 对 Cr（VI）的吸附量。从图中可以看出，Cr（VI）吸附量随着 Cr（VI）初始浓度的增大而增大，两种印迹纤维对 Cr（VI）的吸附等温线均为 L 型。纤维功能基团与 Cr（VI）配位吸附是一个碰撞过程，Cr（VI）初始浓度越高，功能基团与其碰撞结合概率越大，Cr（VI）吸附量相应增大。随着纤维表面功能基团消耗殆尽，Cr（VI）吸附量逐渐达到饱和。

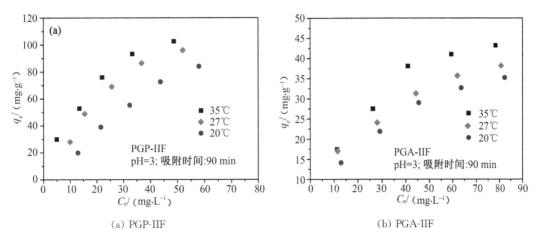

(a) PGP-IIF   (b) PGA-IIF

图 4-4　PGP-IIF 和 PGA-IIF 对 Cr（VI）的吸附等温线

通过 Langmuir、Freundlich 和 Temkin 等温吸附模型对 PGP-IIF 和 PGA-IIF 的吸附等温线进行拟合，拟合结果分别如图 4-5 和图 4-6 所示，拟合相关参数如表 4-6 和表 4-7

所示。从拟合曲线和表中所列出的拟合相关系数 R^2 可以看出，Langmuir 等温吸附模型对 PGP-IIF 和 PGA-IIF 吸附 Cr（Ⅵ）拟合效果最好，相关系数均在 0.99 以上。符合 Langmuir 等温吸附模型，说明吸附过程是单分子层吸附，PGP-IIF 和 PGA-IIF 表面可用位点对 Cr（Ⅵ）吸附质活性一致（Motsa et al.，2011）。此外，拟合参数 K_L 值均随温度的升高而增大，说明吸附是吸热过程，升温有利于反应的进行。Langmuir 等温吸附模型有一个重要的平衡参数 R_L，其数学计算公式为：

$$R_L = \frac{1}{1 + K_L C_0} \tag{4-11}$$

式中：R_L 为平衡参数；

K_L 为 Langmuir 吸附平衡常数，$L \cdot mg^{-1}$；

C_0 为初始吸附质在溶液中的浓度，$mg \cdot L^{-1}$。

计算 PGP-IIF 和 PGA-IIF 在不同温度下对 Cr（Ⅵ）吸附的 R_L 值均在 0~1 范围内，说明是有利吸附。

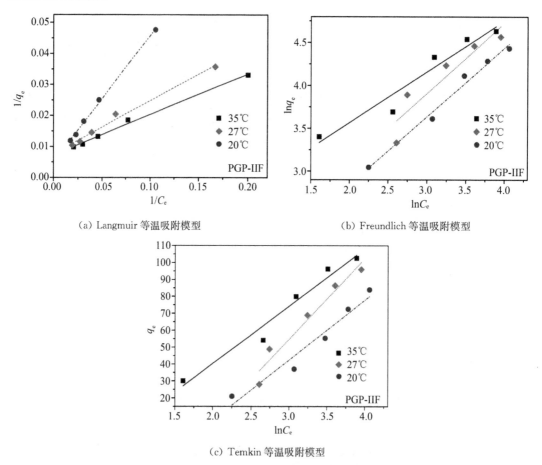

（a）Langmuir 等温吸附模型　　　　　　（b）Freundlich 等温吸附模型

（c）Temkin 等温吸附模型

图 4-5　不同温度下 PGP-IIF 等温吸附模型的线性拟合

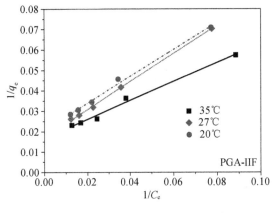

（a）Langmuir 等温吸附模型

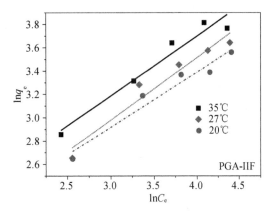

（b）Freundlich 等温吸附模型

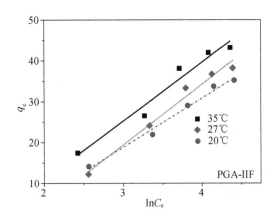

（c）Temkin 等温吸附模型

图 4-6　不同温度下 PGA-IIF 等温吸附模型的线性拟合

表 4-6　PGP-IIF 等温吸附拟合参数

t /℃	Langmuir			Freundlich			Temkin		
	q_m	K_L	R^2	n	K_F	R^2	B_T	K_T	R^2
20	92.1	0.027 1	0.998	1.251	3.447	0.985	35.43	0.165	0.951
27	119.0	0.045 0	0.991	1.220	4.254	0.863	47.81	0.156	0.955
35	127.0	0.056 1	0.996	1.687	10.811	0.940	33.87	0.445	0.968

表 4-7　PGA-IIF 等温吸附拟合参数

t /℃	Langmuir			Freundlich			Temkin		
	q_m	K_L	R^2	n	K_F	R^2	B_T	K_T	R^2
20	48.1	0.021 6	0.995	2.120	4.493	0.953	11.97	0.241	0.988
27	58.4	0.024 9	0.999	1.870	3.954	0.947	14.80	0.185	0.981
35	59.5	0.036 2	0.991	1.954	5.211	0.955	14.36	0.289	0.964

4.3.4 吸附热力学

吸附热力学基于基础热力学概念，假设吸附反应体系是孤立存在的，体系的能量不能自生也无法自灭，热能的变化是体系唯一的动力。因此，借助于吸附热力学参数（吉布斯自由能 ΔG^0、焓变 ΔH^0 和熵变 ΔS^0），可以更深层次地研究吸附过程中的能量变化。它们的计算公式如下：

$$\Delta G^0 = -RT\ln K_0 \tag{4-12}$$

$$\ln K_0 = -\frac{\Delta H^0}{RT} + \frac{\Delta S^0}{R} \tag{4-13}$$

式中：K_0 为热力学平衡常数；

T 为热力学温度，K；

R 为理想气体常数，$R = 8.314\ \mathrm{J \cdot mol^{-1} \cdot K^{-1}}$；

以 q_e 为横坐标，$\ln(q_e/C_e)$ 为纵坐标作线性直线图，通过线性拟合得纵轴的截距为 $\ln K_0$。以 $1/T$ 为横坐标，$\ln K_0$ 为纵坐标作线性直线图，通过线性拟合得直线的斜率为 $-\frac{\Delta H^0}{R}$，通过式（4-13）可以求出 ΔS^0。线性拟合结果如图 4-7 所示，从图中可以看出，$\ln K_0$ 与 $1/T$ 均有较好的线性关系。通过拟合所得直线的斜率和截距来求得吸附热力学参数见表 4-8。

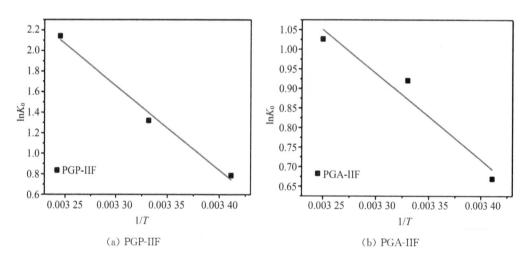

(a) PGP-IIF　　　　　(b) PGA-IIF

图 4-7　PGP-IIF 和 PGA-IIF 的 $\ln K_0$ 对 $1/T$ 的关系曲线

表 4-8　热力学参数表

吸附剂	$t/℃$	$\ln K_0$	$\Delta G^0/(kJ \cdot mol^{-1})$	$\Delta H^0/(kJ \cdot mol^{-1})$	$\Delta S^0 / (kJ \cdot mol^{-1} \cdot K^{-1})$
PGP-IIF	20	0.783 6	−1.91		0.239
	27	1.319 6	−3.29	68.16	0.238
	35	2.141 4	−5.49		0.239
PGA-IIF	20	0.668 7	−1.63		0.069
	27	0.920 4	−2.30	18.57	0.070
	35	1.026 0	−2.63		0.069

从表中可以看出，PGP-IIF 和 PGA-IIF 在不同温度下对 Cr（Ⅵ）吸附的 ΔG^0 均为负值，ΔG^0 是吸附驱动力的表现，说明吸附过程在热力学上是自发进行的，在热力学上有利。此外，随着温度的升高，ΔG^0 的绝对值越大，说明吸附驱动力越大，适当升高温度有利于吸附。

PGP-IIF 和 PGA-IIF 对 Cr（Ⅵ）的吸附的 ΔH^0 均为正值，表明升高温度有利于对 Cr（Ⅵ）的吸附，属于吸热反应过程。ΔH^0 的大小反映了印迹纤维和 Cr（Ⅵ）之间的作用力。PGP-IIF 和 PGA-IIF 对 Cr（Ⅵ）的吸附焓主要包括 Cr（Ⅵ）吸附焓、分子链间作用力、链规整性破坏及构象变化所需能量、水分子脱附焓等，吸附过程总 ΔH^0 是各个过程 ΔH^0 的总和（Periasamy et al.，1995）。对于此吸附体系来讲，总放热量主要来自 Cr（Ⅵ）吸附焓，总吸热量主要来自分子链的活化能。Cr（Ⅵ）的吸附必然导致分子间氢键的改变，分子构象稳定性变差，会消耗较多的能量，表现为吸热；而 Cr（Ⅵ）的吸附会放出一定热量，但是总体上少于总的吸热量。因此，PGP-IIF 和 PGA-IIF 对 Cr（Ⅵ）的吸附属于吸热过程，适当升高温度有利于吸附。

PGP-IIF 和 PGA-IIF 对 Cr（Ⅵ）吸附的 ΔS^0 均为正值，表明 Cr（Ⅵ）吸附到 PGP-IIF 和 PGA-IIF 后，表面无序度增大。吸附反应对于吸附质 Cr（Ⅵ）而言是无序度减小的过程，ΔS^0 应该为负值，而正值的 ΔS^0 可能是由于吸附过程中 Cr（Ⅵ）水合阴离子会释放结合的水，使得系统无序度增大。溶液中的 Cr（Ⅵ）都是溶剂化的，当 Cr（Ⅵ）吸附于印迹纤维表面，这些水分子会脱落，变为自由运动的状态，使得体系的无序度增大，导致 ΔS^0 为正值。整个体系的总 ΔS^0 为 Cr（Ⅵ）吸附（无序度减小）和水分子脱附（无序度增大）共同作用的结果。

4.4 结论

本章考察了 PGP-IIF 和 PGA-IIF 对 Cr（Ⅵ）的吸附特性。结果表明：

（1）pH 是影响 PGP-IIF 和 PGA-IIF 吸附 Cr（Ⅵ）的重要因素，PGP-IIF 和 PGA-IIF 对 Cr（Ⅵ）的吸附量随着 pH 的增大呈先略微增大后迅速减小的趋势，在 pH 为 3 时 Cr（Ⅵ）吸附量最大。PGP-IIF 和 PGA-IIF 的 pH 漂移值也均在 3 左右达到最大值。

（2）吸附动力学表明：PGP-IIF 和 PGA-IIF 在前 30 min 内 Cr（Ⅵ）吸附量均能达到饱和吸附量的 80% 左右；90 min 时吸附达到饱和，吸附量分别为 102.6 mg · g^{-1} 和 43.2 mg · g^{-1}。PGP-IIF 和 PGA-IIF 吸附过程符合准二级动力学吸附模型；半饱和吸附时间 $t_{1/2}$ 分别为 5.3 min 和 5.6 min，比文献报道的 Cr（Ⅵ）吸附材料所需时间要短。

（3）吸附等温线表明：PGP-IIF 和 PGA-IIF 对 Cr（Ⅵ）的吸附符合 Langmuir 等温吸附模型，吸附过程属于单分子层吸附。在 35℃ 下预测的最大 Cr（Ⅵ）吸附量分别为 127.0 mg · g^{-1} 和 59.5 mg · g^{-1}。

（4）吸附热力学表明：PGP-IIF 和 PGA-IIF 在不同温度下对 Cr（Ⅵ）吸附的 ΔG^0 均为负值，说明吸附过程在热力学上是自发进行的；ΔH^0 均为正值说明吸附过程属于吸热反应；ΔS^0 均为正值说明吸附过程中 Cr（Ⅵ）水合阴离子会释放结合的水，使得系统无序度增大。

第五章 Cr（Ⅵ）吸附竞争效应和机理探究

5.1 引言

第四章研究了 PGP-IIF 和 PGA-IIF 印迹纤维对单一 Cr（Ⅵ）模拟水样进行吸附，并从吸附动力学、等温线和热力学等方面展开了讨论。但在实际环境污染或工业水样中，往往同时存在两种或两种以上重金属离子，而目前最常用的化学沉淀法无法将这些重金属离子区分开来，只能使它们共同沉淀，导致重金属污泥难以分类回收利用，二次分离难度大，处置费用高。而现有的吸附法由于存在竞争吸附作用，大多数金属离子之间有共同的吸附机理和识别位点，例如，电负性较大的含有 N 或 O 等功能基团的吸附材料，容易与 Cr（Ⅵ）、Co（Ⅲ）、Fe（Ⅲ）等硬酸和 Pb（Ⅱ）、Sn（Ⅱ）、Cu（Ⅱ）等交界酸结合；而电负性较小的含有 S 或 P 等功能基团的吸附材料，容易与 Ag（Ⅰ）、Cd（Ⅱ）、Hg（Ⅱ）等软酸结合。加之目前国家标准和行业标准对不同金属离子处理要求的不同，且从资源利用回收的角度也要求我们能选择性地分离回收某种目标离子。因此，研究制备出的 PGP-IIF 和 PGA-IIF 印迹纤维对 Cr（Ⅵ）的吸附选择性十分有必要。同时用 Scatchard 模型评价 PGP-IIF 和 PGA-IIF 的吸附过程，并对 Cr（Ⅵ）吸附机理进行探究。最后比较了两种印迹纤维的制备及吸附能力。

5.2 实验部分

5.2.1 主要试剂及仪器

为了对比 PGP-IIF 和 PGA-IIF 两种印迹纤维对 Cr（Ⅵ）的选择识别性，同时制备它们相对应的非印迹纤维 PP-GMA-PEI Non-imprinted fibers（下文统称为 PGP-NIF）和 PP-g-(GMA-AM) Non-imprinted fibers（下文统称为 PGA-NIF），其制备过程分别与 PGP-IIF 和 PGA-IIF 印迹纤维相似，只是在交联步骤前没有和 Cr（Ⅵ）的预配位过程。

主要实验材料及试剂见表5-1，其它未列试剂均为分析纯，直接使用。主要实验仪器及设备见表5-2。

表 5-1　主要实验材料及试剂

材料、试剂名称	级别	生产厂商	用途
PP 纤维	—	实验室自制	吸附材料
PGP-IIF	—	实验室自制	吸附材料
PGA-IIF	—	实验室自制	吸附材料
PGP-NIF	—	实验室自制	吸附材料
PGA-NIF	—	实验室自制	吸附材料
重铬酸钾	分析纯	上海凌峰化学试剂有限公司	Cr（Ⅵ）吸附质
氯化铜	分析纯	国药集团化学试剂有限公司	Cu^{2+} 竞争离子
三氯化铬	分析纯	国药集团化学试剂有限公司	Cr^{3+} 竞争离子
硫酸钾	分析纯	国药集团化学试剂有限公司	SO_4^{2-} 竞争离子
氢氧化钾	分析纯	国药集团化学试剂有限公司	调节 pH
硫酸	分析纯	上海凌峰化学试剂有限公司	调节 pH
二苯碳酰二肼	分析纯	国药集团化学试剂有限公司	显色剂
去离子水	—	实验室自制	配置 Cr（Ⅵ）溶液

表 5-2　主要实验仪器及设备

仪器、设备名称	型号	生产厂商	用途
恒温振荡器	HYG-A	太仓市实验设备厂	吸附振荡装置
原子吸收光谱仪	180-80	日本日立公司	测定离子浓度
pH 计	pHS-2C	杭州东星仪器设备厂	测定溶液 pH

5.2.2　实验方法

所有吸附实验采用静态实验的方法，每组实验重复3次，相对误差要求小于5%，结果数值取平均数。研究分别使用重铬酸钾、氯化铜、三氯化铬、硫酸钾和去离子水自制模拟竞争溶液。

Cr（Ⅵ）初始浓度为 $100\,mg\cdot L^{-1}$，竞争离子 Cu（Ⅱ）、Cr（Ⅲ）、SO_4^{2-} 浓度分别为

20、40、60、80、100 mg·L^{-1}，分别组成 Cu（Ⅱ）＋Cr（Ⅵ）、Cr（Ⅲ）＋Cr（Ⅵ）、SO$_4^{2-}$＋Cr（Ⅵ）三组离子竞争体系。分配系数k_d、选择系数k和相对选择系数k'分别通过式（5-1）、式（5-2）和式（5-3）计算（Liu et al.，2016）：

$$k_d = \frac{C_0 - C_e}{C_e} \times \frac{V}{m} \tag{5-1}$$

$$k = \frac{k_d(\text{Cr（Ⅵ）})}{k_d(\text{M}^{n+})} \tag{5-2}$$

$$k' = \frac{k_{\text{印迹纤维}}}{k_{\text{非印迹纤维}}} \tag{5-3}$$

式中：k_d为分配系数，mL·g^{-1}；

　　k为选择系数；

　　k'为相对选择系数；

　　M^{n+}为竞争离子。

Cr（Ⅵ）浓度测定见 4.2.2.4 小节；Cr（Ⅲ）浓度测定通过测定总铬浓度减去Cr（Ⅵ）浓度；Cu（Ⅱ）浓度通过原子吸收光谱仪测定；SO$_4^{2-}$浓度通过钡盐滴定法测定。

5.3 结果与讨论

5.3.1 共存离子对 Cr（Ⅵ）选择性的影响

我国是世界上最大的铜生产国和使用国。铜在工业中使用量大，因此在工业废水中往往 Cu（Ⅱ）与 Cr（Ⅵ）共存，例如在电镀铬工艺中经常需要铜打底。Cr（Ⅲ）与Cr（Ⅵ）同属铬元素，在废水中也大量共存，因此，首先考察共存离子 Cr（Ⅲ）和Cu（Ⅱ）对 PGP-IIF 和 PGA-IIF 印迹纤维的干扰性。

图 5-1 和图 5-2 分别为竞争离子 Cr（Ⅲ）和 Cu（Ⅱ）在不同竞争浓度下，PGP-IIF和 PGA-IIF 印迹纤维、PGP-NIF 和 PGA-NIF 非印迹纤维的选择系数k和相对选择系数k'。从两幅图中可以看出，随着竞争离子 Cr（Ⅲ）和 Cu（Ⅱ）的浓度的增大，PGP-IIF和 PGA-IIF 印迹纤维、PGP-NIF 和 PGA-NIF 非印迹纤维的选择系数k均有所减小，说明竞争离子的加入对 Cr（Ⅵ）的吸附有一定影响，但是非印迹纤维的选择系数k均小于印迹纤维且下降更快，说明印迹过程产生的特异性识别位点能有效地识别模板目标离子Cr（Ⅵ），而非印迹纤维不具有这种特异识别性。

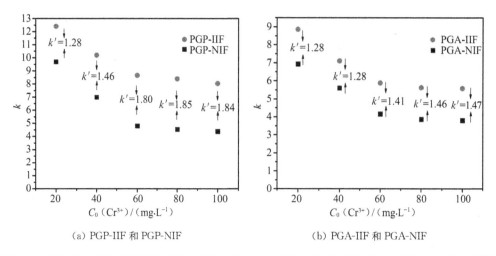

（a）PGP-IIF 和 PGP-NIF   （b）PGA-IIF 和 PGA-NIF

图 5-1 不同 Cr（Ⅲ）浓度 PGP-IIF 和 PGA-IIF、PGA-IIF 和 PGA-NIF 对 Cr（Ⅵ）的 k 值和 k' 值

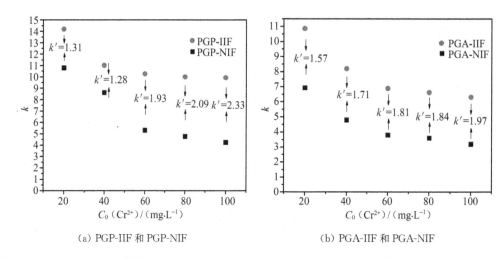

（a）PGP-IIF 和 PGP-NIF   （b）PGA-IIF 和 PGA-NIF

图 5-2 不同 Cu（Ⅱ）浓度下 PGP-IIF 和 PGA-IIF、PGA-IIF 和 PGA-NIF 对 Cr（Ⅵ）的 k 值和 k' 值

  在相同的竞争离子浓度下，共存离子的吸附竞争力为：Cr（Ⅲ）＞Cu（Ⅱ），由于 Cr（Ⅲ）和 Cr（Ⅵ）同属铬元素，它们的价电子层排布相近，电离能相近，接受 N、O 原子的能力相近，因此，相比于 Cu（Ⅱ），PGP-IIF 和 PGA-IIF 具有更大的相对选择系数。从图中还可以得出，PGP-IIF 和 PGA-IIF 的相对选择系数均为 1～2 左右，Cr（Ⅲ）和 Cu（Ⅱ）均以金属阳离子态存在，因此无论是印迹纤维还是对应的非印迹纤维表面上质子化的功能基团更容易与以阴离子态存在的 Cr（Ⅵ）相结合，造成非印迹纤维的特异性吸附能力较强。因此，本研究又考察了阴离子 SO_4^{2-} 对 Cr（Ⅵ）的竞争吸附干扰。

　　图 5-3 为 SO_4^{2-} 在不同竞争浓度下，两种印迹纤维和其对应的非印迹纤维的选择系数 k 和相对选择系数 k'。从图中可以看出，相比于金属阳离子作为竞争离子，随着竞争阴离子 SO_4^{2-} 浓度的增大，两种印迹纤维及它们对应的非印迹纤维的选择系数发生迅速下降，说明 SO_4^{2-} 对 Cr（Ⅵ）吸附有一定的影响，但是 PGP-IIF 和 PGA-IIF 它们相对应的非印迹纤维的选择系数 k 下降更大，导致其相对应的印迹纤维的相对选择系数 k' 较大，在不同 SO_4^{2-} 浓度下相对选择系数 k' 均大于金属阳离子作为竞争离子的相对选择系数 k'。同为阴离子的 SO_4^{2-} 和 Cr（Ⅵ）的电离能十分接近，理论上说 PGP-IIF 和 PGA-IIF 与它们相对应的非印迹纤维的分配系数应当是接近的，但是实验结果却表明相差较大，说明 PGP-IIF 和 PGA-IIF 印迹纤维在制备过程中由于采用 Cr（Ⅵ）作为模板的印迹技术，在印迹纤维表面存在大量的与 Cr（Ⅵ）形状大小、电荷、三维结构等相一致的识别空穴位点，更容易与 Cr（Ⅵ）结合，进一步说明了 PGP-IIF 和 PGA-IIF 印迹纤维对 Cr（Ⅵ）有较高的选择吸附性能。

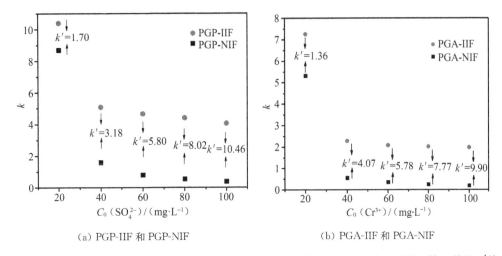

（a）PGP-IIF 和 PGP-NIF　　　　　　（b）PGA-IIF 和 PGA-NIF

图 5-3　不同 SO_4^{2-} 浓度下 PGP-IIF 和 PGA-IIF、PGA-IIF 和 PGA-NIF 对 Cr（Ⅵ）的 k 值和 k' 值

5.3.2　Scatchard 模型评价印迹纤维对 Cr（Ⅵ）吸附机理

　　Scatchard 模型是一种评价离子、药物或其他分子与蛋白质（包括受体）相结合关系的吸附模型，被广泛用于评价离子印迹聚合物对模板离子的结合特性及识别机理（王涎桦，2012；He et al.，2009）。本研究通过此模型考察 PGP-IIF 和 PGA-IIF 对 Cr（Ⅵ）的识别过程。Scatchard 模型方程为：

$$\frac{q_e}{C_e} = \frac{q_{max} - q_e}{K_d} \tag{5-4}$$

式中：q_e 为吸附平衡时 PGP-IIF 和 PGA-IIF、PGP-NIF 和 PGA-NIF 对 Cr（Ⅵ）的吸附

　　　量，$mg \cdot g^{-1}$；

　　　C_e 为吸附平衡时 Cr（Ⅵ）的在溶液中的含量，$mg \cdot L^{-1}$；

　　　q_{max} 为结合位点最大表观结合量，$mg \cdot g^{-1}$；

　　　K_d 为结合位点的平衡解离常数。

以 q_e 为横坐标，以 q_e/C_e 为纵坐标作图，通过纵轴截距和斜率求得 q_{max} 和 K_d。

图 5-4 和图 5-5 分别为 PGP-IIF 和 PGP-NIF、PGA-IIF 和 PGA-NIF 的 Scatchard 模型关系图。从图 5-4（a）和图 5-5（a）中可以看出，q_e/C_e 对 q_e 为非线性关系，数据点均能拟合出两条斜率、截距不同的直线，根据不同斜率、截距能分别推算出两组不同的最大表观结合量 q_{max} 和平衡解离常数 K_d，因此，可以认为两种印迹纤维 PGP-IIF 和 PGA-IIF 存在非特异性吸附位点，左端拟合曲线为高亲和力、高选择性位点；右端拟合曲线为低亲和力、低选择性位点。PGP-IIF 高结合位点拟合的 Scatchard 方程为：

$$\frac{q_e}{C_e} = -0.115\,6q_e + 9.948\,5 \tag{5-5}$$

高结合位点拟合直线的斜率和截距可以计算出 PGP-IIF 吸附 Cr（Ⅵ）的最大表观结合量 q_{max} 和平衡解离常数 K_d 分别为 $86.06\ mg \cdot g^{-1}$、$8.65\ mg \cdot L^{-1}$；PGP-IIF 低结合位点拟合的 Scatchard 方程为：

$$\frac{q_e}{C_e} = -0.048\,7q_e + 7.193\,2 \tag{5-6}$$

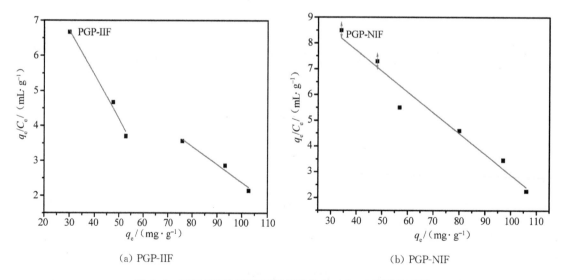

(a) PGP-IIF

(b) PGP-NIF

图 5-4　PGP-IIF 和 PGP-NIF 纤维的 Scatchard 模型关系图

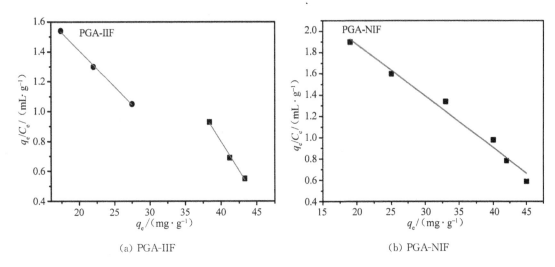

（a）PGA-IIF

（b）PGA-NIF

图 5-5　PGA-IIF 和 PGA-NIF 纤维的 Scatchard 模型关系图

低结合位点拟合直线的斜率和截距可以计算出 PGP-IIF 吸附 Cr（Ⅵ）的最大表观结合量 q_{max} 和平衡解离常数 K_d 分别为 147. 63 mg·g^{-1}、20. 53 mg·L^{-1}。

对于 PGA-IIF，PGA-IIF 高结合位点拟合的 Scatchard 方程为：

$$\frac{q_e}{C_e} = -0.048\ 4q_e + 2.376\ 3 \tag{5-7}$$

高结合位点拟合直线的斜率和截距可以计算出 PGA-IIF 吸附 Cr（Ⅵ）的最大表观结合量 q_{max} 和平衡解离常数 K_d 分别为 49. 10 mg·g^{-1}、20. 66 mg·L^{-1}；PGA-IIF 低结合位点拟合的 Scatchard 方程为：

$$\frac{q_e}{C_e} = -0.074\ 9q_e + 3.778\ 2 \tag{5-8}$$

低结合位点拟合直线的斜率和截距可以计算出 PGA-IIF 吸附 Cr（Ⅵ）的最大表观结合量 q_{max} 和平衡解离常数 K_d 分别为 50. 44 mg·g^{-1}、13. 35 mg·L^{-1}。

而在图 5-4（b）和图 5-5（b）中，非印迹纤维 PGP-NIF 和 PGA-NIF 对 Cr（Ⅵ）吸附数据只能拟合成一条直线，说明 PGP-NIF 和 PGA-NIF 只能通过一种非特异性吸附与 Cr（Ⅵ）结合。PGP-NIF 的 Scatchard 方程为：

$$\frac{q_e}{C_e} = -0.080\ 4q_e + 10.922\ 0 \tag{5-9}$$

PGP-NIF 吸附 Cr（Ⅵ）的最大表观结合量 q_{max} 和平衡解离常数 K_d 分别为 135. 57 mg·g^{-1}、12. 44 mg·L^{-1}。

PGA-NIF 的 Scatchard 方程为：

$$\frac{q_e}{C_e} = -0.049\,4q_e + 2.886\,1 \qquad (5\text{-}10)$$

PGA-NIF 吸附 Cr（Ⅵ）的最大表观结合量 q_{max} 和平衡解离常数 K_d 分别为 58.42 mg·g^{-1}、20.24 mg·L^{-1}。

5.3.3　Cr（Ⅵ）吸附机理探究

PGP-IIF 和 PGA-IIF 对 Cr（Ⅵ）的吸附机理可能有以下四种方式（Saha et al.，2010）：

（1）阴离子吸附机理：Cr（Ⅵ）在水溶液中主要以阴离子结构形式存在，因此可以通过与带正电功能基团的静电引力作用，将 Cr（Ⅵ）吸附在材料表面。吸附机理如图 5-6 Mechanism Ⅰ所示。因此，在 pH 较低的溶液中，羧基、氨基等功能基团质子化带正电，往往 Cr（Ⅵ）吸附量较大，而 pH 较高时，功能基团去质子化现象带负电，在静电斥力和 OH$^-$ 竞争作用下 Cr（Ⅵ）吸附量较小。此外，除了静电引力外，吸附材料表面的离子交换作用、氢键作用和络合作用也对 Cr（Ⅵ）吸附起到了一定的作用。许多文献报道有关于 Cr（Ⅵ）的吸附机理为阴离子静电引力吸附机理（Sarin et al.，2006；Li et al.，2009；Demirbas et al.，2005）。但是，也有科研人员如 Mohan 等（2006）认为，阴离子静电引力吸附机理并不能完全解释 Cr（Ⅵ）吸附机理，因为没有考虑到 Cr（Ⅵ）氧化态的变化。因此，很多人提出了还原-阴离子吸附机理，包括以下三种机理。

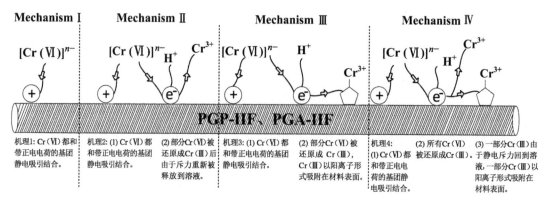

图 5-6　PGP-IIF 和 PGA-IIF 对 Cr（Ⅵ）可能的四种吸附机理

（2）部分还原-阴离子吸附机理：在吸附过程中，部分高氧化态的 Cr（Ⅵ）被还原成较低氧化态的 Cr（Ⅲ），而 Cr（Ⅲ）是以阳离子结构形式存在的，因此与质子化的功能基团在静电斥力的作用下被释放到溶液中，而剩余的 Cr（Ⅵ）通过阴离子静电引力吸附机理吸附到吸附材料表面。因此，溶液中 Cr（Ⅵ）的减少量包括还原和静电引力吸附。

吸附机理如图 5-6 Mechanism Ⅱ 所示。

（3）阴离子-阳离子耦合机理：在吸附过程中，Cr（Ⅵ）部分还原成 Cr（Ⅲ），其中，Cr（Ⅵ）以阴离子静电引力方式、Cr（Ⅲ）以阳离子吸附方式吸附到材料表面。吸附机理如图 5-6 Mechanism Ⅲ 所示。

（4）全部还原-吸附耦合机理：在吸附过程中，Cr（Ⅵ）全部还原成 Cr（Ⅲ），其中，一部分 Cr（Ⅲ）由于静电斥力释放到溶液中，另一部分 Cr（Ⅲ）通过阳离子吸附机理吸附到材料表面。吸附机理如图 5-6 Mechanism Ⅳ 所示。

红外光谱可以用来表征吸附材料表面的功能基团，也经常用于识别吸附质在吸附材料表面不同位点的吸附情况（Thirumavalavan et al.，2011）。因此，本研究首先对吸附 Cr（Ⅵ）后的 PGP-IIF 和 PGA-IIF 进行红外光谱分析。图 5-7（a）和（b）分别为 PGP-IIF 和 PGA-IIF 吸附 Cr（Ⅵ）后的红外光谱图。相比于图 2-29 中 PGP-IIF 纤维红外谱图，Cr（Ⅵ）-PGP-IIF 纤维 C＝O 伸缩振动峰由未吸附前 $1\,724\ cm^{-1}$ 处移至 $1\,727\ cm^{-1}$ 处，C—O—C 伸缩振动峰由 $1\,153\ cm^{-1}$ 处移至 $1\,161\ cm^{-1}$ 处，—NH_2 伯胺面内弯曲振动峰由 $1\,561\ cm^{-1}$ 处移至 $1\,579\ cm^{-1}$ 处，—NH 仲胺变形振动峰由 $1\,454\ cm^{-1}$ 处移至 $1\,461\ cm^{-1}$ 处，—CN 叔胺伸缩振动峰由 $1\,253\ cm^{-1}$ 处移至 $1\,261\ cm^{-1}$ 处。且相应的吸收峰强度略微减小，这说明 PGP-IIF 纤维中 N 和 O 元素参与了 Cr（Ⅵ）的吸附。从图（b）可以看出，相比于 PGA-IIF 纤维，Cr（Ⅵ）-PGA-IIF 纤维的酰胺基吸收峰由未吸附前 $3\,419\ cm^{-1}$ 处、$3\,357\ cm^{-1}$ 处和 $3\,200\ cm^{-1}$ 处分别移至 $3\,428\ cm^{-1}$ 处、$3\,361\ cm^{-1}$ 处和 $3\,206\ cm^{-1}$ 处，GMA 的 C＝O 伸缩振动峰由 $1\,725\ cm^{-1}$ 处移至 $1\,736\ cm^{-1}$ 处，AM 的 C＝O 伸缩振动峰由 $1\,669\ cm^{-1}$ 处移至 $1\,672\ cm^{-1}$ 处，C—O 伸缩振动峰由 $1\,153\ cm^{-1}$ 处移至 $1\,168\ cm^{-1}$ 处。这说明 PGA-IIF 纤维中 N 和 O 元素也参与了 Cr（Ⅵ）的吸附。

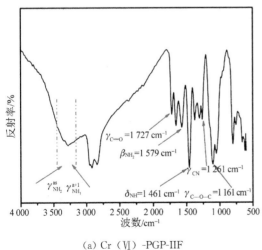

（a）Cr（Ⅵ）-PGP-IIF

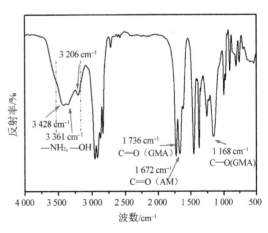

（b）Cr（Ⅵ）-PGA-IIF

图 5-7　PGP-IIF 和 PGA-IIF 吸附 Cr（Ⅵ）后的红外谱图

　　XPS 常用来研究金属离子与吸附材料表面功能基团的吸附机理，因为金属离子与配位原子之间作用会引起配位原子周围电子云的变化，导致结合能的改变。图 5-8 为 PGP-IIF 吸附 Cr（Ⅵ）后的 XPS 谱图［（a）宽谱图；（b）C1s 窄谱图；（c）N1s 窄谱图；（d）O1s 窄谱图］。从图中可以看出，整个 XPS 宽谱图出现 4 个峰，即 C1s、N1s、O1s 和 Cr 2p，说明 Cr（Ⅵ）成功地吸附在 PGP-IIF 表面。图（b）图为 PGP-IIF 的 C1s 谱图，包括 4 个峰分别为 C—C 和 C—H（284.6 eV）、C—N（284.7 eV）、C—O（285.2 eV）和 C＝O（288.0 eV），相比于未吸附 PGP-IIF 纤维，C—C 和 C—H（284.6 eV）结合能位置没有发生变化，说明 C 没有参与 Cr（Ⅵ）的吸附过程。大多数文献报道 C 没有参与金属离子的配位过程，但是在 Thirumavalavan 等（2011）用水果皮对 Cu（Ⅱ）吸附时发现，碳和金属离子也会形成配位键。C—N、C—O 和 C＝O 结合能分别由原来的 285.4 eV、285.9 eV 和 288.9 eV 下降至 284.7 eV、285.2 eV 和 288.0 eV。这是由于 Cr（Ⅵ）

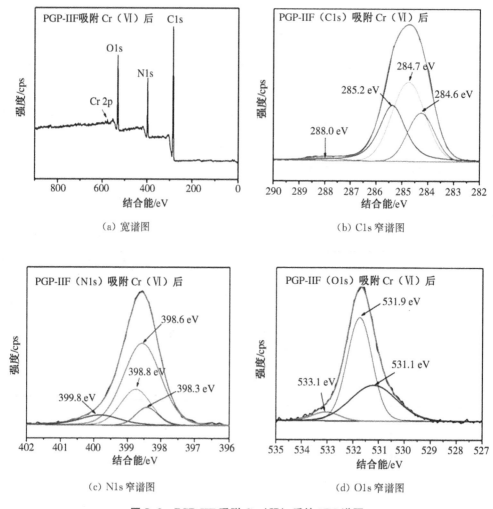

（a）宽谱图　　　　　　　　　　　　（b）C1s 窄谱图

（c）N1s 窄谱图　　　　　　　　　　（d）O1s 窄谱图

图 5-8　PGP-IIF 吸附 Cr（Ⅵ）后的 XPS 谱图

和 N、O 配位后，N 和 O 把电子分享给 Cr（Ⅵ）离子，因此相邻的碳原子的电子密度增大，导致结合能降低。图（c）为 PGP-ⅡF 的 N1s 谱图，包括 4 个峰，其中在 398.3 eV、398.6 eV、398.8 eV 分别为 N—C、N—H 和 NH₂ 的结合能（Wang et al.，2015），吸附 Cr（Ⅵ）后，在较高结合能（399.8 eV）位置处出现了新的特征峰，这主要是胺基和 Cr（Ⅵ）的络合物 R—NH$_n$Cr（Ⅵ）中氮原子引起的特征峰。胺基与 Cr（Ⅵ）配位后，N 把电子分享给 Cr（Ⅵ）离子，使得 N 的外层电子对发生偏移，电子云密度减小，导致在较高结合能的位置出现新的特征峰。图（d）为 PGP-ⅡF 的 O1s 谱图，同样，除了在 531.9 eV 出现 O＝C 和 HO—C、531.1 eV 出现 C—O—C 吸收峰外，在较高结合能（533.1 eV）位置处出现了新的特征峰，这主要是含氧基团和 Cr（Ⅵ）的络合物 R-OCr（Ⅵ）中氧原子引起的特征峰。

图 5-9 为 PGA-ⅡF 吸附 Cr（Ⅵ）后的 XPS 谱图 ［（a）宽谱图；（b）C1s 窄谱图；（c）N1s 窄谱图；（d）O1s 窄谱图］。从图中可以看出，整个 XPS 宽谱图出现 4 个峰，即 C1s、N1s、O1s 和 Cr 2p，说明 Cr（Ⅵ）成功地吸附在 PGA-ⅡF 表面。图（b）为 PGA-ⅡF 的 C1s 谱图，包括 4 个峰，分别为 C—C 和 C—H（284.6 eV）、C—N（285.0 eV）、C—O（286.0 eV）和 C＝O（288.5 eV），相比于未吸附 Cr（Ⅵ）的 PGA-ⅡF 纤维，C—C 和 C—H（284.6 eV）结合能位置没有发生变化，说明 C 没有参与 Cr（Ⅵ）的吸附过程。C—N、C—O 和 C＝O 结合能分别由原来的 285.3 eV、286.5 eV 和 288.9 eV 下降至 285.0 eV，286.0 eV 和 288.5 eV。图（c）为 PGA-ⅡF 的 N1s 谱图，包括 4 个峰，其中在 399.0 eV 和 398.2 eV 分别为 NH₂ 和 N—H 的结合能，吸附 Cr（Ⅵ）后，在较高结合能（399.9 eV）位置处出现了新的特征峰，这主要是胺基和 Cr（Ⅵ）的络合物 R—NH$_n$Cr（Ⅵ）中氮原子引起的特征峰。图（d）为 PGA-ⅡF 的 O1s 谱图，同样，除了在 532.1 eV 出现 O＝C 和 HO—C、531.6 eV 出现 C—O—C 吸收峰外，在较高结合能（533.2 eV）位置处出现了新的特征峰，这主要是含氧基团和 Cr（Ⅵ）的络合物 R-OCr（Ⅵ）中氧原子引起的特征峰。

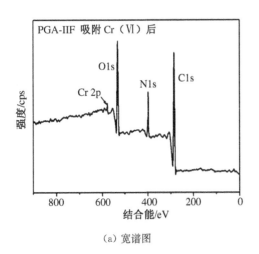

（a）宽谱图

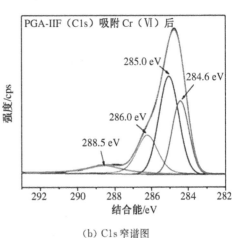

（b）C1s 窄谱图

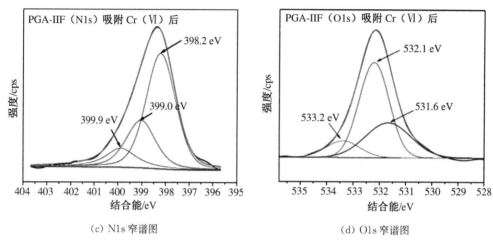

(c) N1s 窄谱图　　　　　　　　　　(d) O1s 窄谱图

图 5-9　PGA-IIF 吸附 Cr（Ⅵ）后的 XPS 谱图

为了更进一步了解 PGP-IIF 和 PGA-IIF 对 Cr（Ⅵ）的吸附机理，对吸附 Cr（Ⅵ）后的 PGP-IIF 和 PGA-IIF 的 Cr $2p_{3/2}$ 分峰拟合。图 5-10 为 PGP-IIF 和 PGA-IIF 的 Cr $2p_{3/2}$ 分峰拟合图。从图中可以看出，PGP-IIF 的 Cr $2p_{3/2}$ 峰由 576.2 eV 和 579.1 eV 组成，PGA-IIF 的 Cr $2p_{3/2}$ 峰由 577.0 eV 和 580.0 eV 组成，说明在吸附过程中，有部分 Cr（Ⅵ）被还原成了 Cr（Ⅲ）。为了验证被还原的 Cr（Ⅲ）是否部分从纤维表面脱离，采用原子吸收光谱检测吸附后溶液中的总铬含量，发现总铬含量与 Cr（Ⅵ）含量基本一致，说明被还原的 Cr（Ⅲ）全部通过阳离子吸附机理固定在纤维表面。综上所述，PGP-IIF 和 PGA-IIF 对 Cr（Ⅵ）的吸附机理为图 5-6 中的 Mechanism Ⅲ，即 Cr（Ⅵ）通过静电引力吸附在纤维表面，其中部分 Cr（Ⅵ）受到邻近电子影响还原成为 Cr（Ⅲ）。Cr（Ⅲ）则以阳离子吸附方式吸附到材料表面。纤维表面的含 N 和 O 功能基团参与了吸附过程。

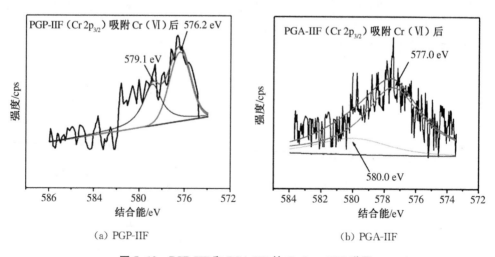

(a) PGP-IIF　　　　　　　　　　(b) PGA-IIF

图 5-10　PGP-IIF 和 PGA-IIF 的 Cr $2p_{3/2}$ XPS 谱图

5.3.4 PGP-IIF 和 PGA-IIF 的比较

对第二章基于等离子体聚合制备的印迹纤维 PGP-IIF 和第三章基于悬浮接枝聚合制备的印迹纤维 PGA-IIF 进行了比较，比较内容如表 5-3 所示。

PGP-IIF 纤维的制备基于等离子体聚合，等离子体聚合无需有机溶剂参与，属于绿色制备过程，能在较短的时间内达到较高的聚合量。但是，等离子体聚合过程需要高真空，有待解决大尺寸设备的制造问题。虽然目前有等离子体聚合规模化应用的案例，但应用前景仍较不明朗。PGP-IIF 对 Cr（Ⅵ）的吸附量为 102.6 mg·g^{-1}，对 Cr^{3+}、Cu^{2+} 和 SO$_4^{2-}$ 均有较好的相对选择系数。

PGA-IIF 纤维的制备基于悬浮接枝聚合，悬浮接枝改性和熔喷纺丝技术成熟度好，规模化程度高，能耗较低。但是悬浮接枝聚合量相对较小，会有少量的有机溶剂排放。PGA-IIF 对 Cr（Ⅵ）的吸附量为 43.2 mg·g^{-1}，对 Cr^{3+}、Cu^{2+} 和 SO$_4^{2-}$ 均有较好的相对选择系数。

表 5-3 PGP-IIF 和 PGA-IIF 的比较

纤维种类	制备方法	方法优点	方法缺点	应用难易	Cr（Ⅵ）吸附量 /（mg·g^{-1}）	Cr（Ⅵ）相对选择系数
PGP-IIF	等离子体聚合；离子印迹技术	聚合量较高、操作简单、无有害溶剂产生	需要高真空环境、能耗大、规模化生产难	较难	102.6	Cr^{3+}：1.84 Cu^{2+}：2.23 SO$_4^{2-}$：10.46
PGA-IIF	悬浮接枝聚合；离子印迹技术	规模化程度高、反应温和、少有副反应	聚合量较低、接枝聚合时间较长、少量有机溶剂排放	较易	43.2	Cr^{3+}：1.47 Cu^{2+}：1.97 SO$_4^{2-}$：9.90

5.4 结论

本章节探究了 PGP-IIF 和 PGA-IIF 两种印迹纤维对 Cr（Ⅵ）的选择识别性以及对 Cr（Ⅵ）吸附机理的探究。结果表明：

（1）在二元竞争体系下［Cu（Ⅱ）＋Cr（Ⅵ）、Cr（Ⅲ）＋Cr（Ⅵ）、SO$_4^{2-}$＋Cr（Ⅵ）］，Cu（Ⅱ）、Cr（Ⅲ）和 SO$_4^{2-}$ 对 Cr（Ⅵ）吸附干扰随着离子浓度的增大而增大，吸附竞争能力为：SO$_4^{2-}$＞Cr（Ⅲ）＞Cu（Ⅱ）。有竞争离子存在时，PGP-IIF、PGA-IIF

对 Cr（Ⅵ）仍具有较好的相对选择系数。

（2）通过 Scatchard 模型评价 Cr（Ⅵ）的识别过程，PGP-IIF 和 PGA-IIF 同时存在特异性吸附和非特异性吸附位点。而它们所对应的非印迹纤维 PGP-NIF 和 PGA-NIF 只存在非特异性吸附位点。

（3）通过 FT-IR 和 XPS 分析手段对 PGP-IIF 和 PGA-IIF 吸附 Cr（Ⅵ）前后进行了表征，结果表明，N 和 O 元素参与了 Cr（Ⅵ）的吸附过程，且 PGP-IIF 和 PGA-IIF 对 Cr（Ⅵ）的吸附机理为 Cr（Ⅵ）通过静电引力吸附在纤维表面，其中部分 Cr（Ⅵ）受到邻近电子影响还原成为 Cr（Ⅲ）。

第六章 多胺改性 CTS 印迹衍生物 I-CMC-g-B-PEI 的制备

6.1 引言

酸性介质可以破坏 CTS（壳聚糖）分子间的氢键，使之发生溶解，然而 CTS 很难溶于水和有机溶剂，很大程度上限制了其应用。因此，需要进一步对 CTS 进行改性，来克服 CTS 自身缺陷。本章节采用 CTS 作主体结构，利用羧化反应成功引入羧甲基，改性后再利用定向接枝技术将多胺高分子树枝状聚乙烯亚胺（B-PEI）修饰于羧甲基 CTS 上，最后通过离子印迹法制备吸附 Cr（Ⅵ）离子的复合印迹接枝材料（I-CMC-g-B-PEI）。通过多种技术手段对 I-CMC-g-B-PEI 以及制备过程中间产物羧甲基 CTS（NOCMC）进行结构表征，并探究最优合成参数。

6.2 实验药品及仪器

6.2.1 实验药品

实验所需试剂及来源见表 6-1。

表 6-1 实验试剂及来源

试剂名称	化学式	纯度	生产厂家
CTS	$(C_6H_{11}NO_4)_n$	分析纯	国药集团化学试剂有限公司
乙醇	CH_3CH_2OH	分析纯	上海久亿化学试剂有限公司
甲苯	C_7H_8	分析纯	国药集团化学试剂有限公司
丙酮	CH_3COCH_3	分析纯	国药集团化学试剂有限公司

（续表）

试剂名称	化学式	纯度	生产厂家
环氧氯丙烷	C_3H_5ClO	分析纯	上海凌峰化学试剂有限公司
戊二醛	$C_5H_8O_2$	分析纯	麦克林
重铬酸钾	$K_2Cr_2O_7$	分析纯	上海凌峰化学试剂有限公司
盐酸	HCl	分析纯	国药集团化学试剂有限公司
异丙醇	C_3H_8O	分析纯	国药集团化学试剂有限公司
氯乙酸	$ClCH_2COOH$	分析纯	阿拉丁试剂（上海）有限公司
氢氧化钠	NaOH	分析纯	西陇科学股份有限公司
3-氨丙基三乙氧基硅烷	$C_9H_{23}NO_3Si$	分析纯	阿拉丁试剂（上海）有限公司
N，N-二甲基甲酰胺	C_3H_7NO	分析纯	国药集团化学试剂有限公司

6.2.2 实验仪器

实验所需仪器及来源见表 6-2。

表 6-2 实验仪器及来源

仪器名称	型号	生产厂家
磁力搅拌器	85-1	江苏金怡仪器科技有限公司
电子天平	e-10d	德国赛多利斯集团
恒温振荡器	SHA-B	常州智博瑞仪器制造有限公司
真空干燥箱	ST-120B2	上海爱斯佩克环境设备有限公司
扫描电子显微镜	Quanta 650	美国 FEI 公司
X 射线光电子能谱仪	250XI	美国赛默飞世尔科技公司
傅里叶变换红外光谱仪	Nexus 870	美国尼高力仪器公司
X 射线衍射仪	PANalytical Empyrean	荷兰帕纳科公司
紫外分光光度计	UV752	上海佑科仪器仪表有限公司
热分析仪	Pyris 1 DSC	美国珀金埃尔默股份有限公司
pH 计	F2-Field	瑞士梅特利托利多集团

6.3 制备方法

6.3.1 羧甲基 CTS 的制备

相比于 CTS，羧甲基 CTS（NOCMC）含有更多亲水基团，在拓展了应用范围的同时，最大限度使 CTS 的优异性能得到保留，因此，国内外愈来愈多的学者开展了关于羧甲基 CTS 的研究。制备过程如下：

（1）致孔：多孔 CTS 微球的制备方法参考孙岩方法制备，并通过冷冻干燥手段进行致孔。

（2）碱化：称取一定量的 CTS 微球于装有 20 mL 甲苯的三口烧瓶中，充分溶胀后，取质量分数为 40％的 NaOH 溶液 25 mL 缓慢注入三口烧瓶，准备完毕后，水浴升温至 40 ℃左右，连续搅拌反应 1 h。

（3）羧化：称取 10 g 氯乙酸并转移到 100 mL 的甲苯溶液中充分溶解，并在 1 h 内少量多次缓慢加入上述混合溶液中，同时不断搅拌，使溶液混合均匀，之后将水浴升温至 60 ℃，持续搅拌反应 5 h。

（4）精制：上述混合溶液冷却至室温后，取适量质量分数为 10％的 HCl 溶液加入，调节至中性，之后多次少量加入丙酮溶液使之完全沉淀，利用无水乙醇反复冲洗 3～4 次，调剂烘箱温度至 60 ℃，放入烘干至质量恒定，取出后用无水乙醇再次洗涤并在 60 ℃下烘干，多次重复上述操作，即可得到所需的精制羧甲基 CTS 微球。

图 6-1 羧甲基 CTS 制备过程

6.3.2 CMC-g-B-PEI 的制备

3-氨丙基三乙氧基硅烷（APTES）是一种双官能团有机化合物，选择其作功能单体，通过乙氧基水解后与羧甲基相连。聚乙烯亚胺（PEI）含有大量的聚电解质阳离子，戊二醛（GA）可作交联剂使聚电解质层更加致密稳定，其上的碳氧双键能发生亲核加成反应，羰基碳上的正电荷容易受到亲核试剂进攻，而羰基氧上的负电荷意味着酸性催化试剂很容易影响到亲核加成反应。利用戊二醛上的醛基能与亲核试剂 PEI 上的伯胺发生

Schiff 碱反应，分子链结构中含有孤电子对的 N 原子进攻—C＝O 基团上带有正电荷的 C 原子，完成亲核加成反应，然后进一步脱水形成含—C＝N—的 Schiff 碱，最后再定向接枝到提供大量聚电解质阴离子的羧甲基 CTS 上。

（1）交联改性：30 mL 去离子水中加入 0.20 g 羧甲基 CTS 微球，磁力搅拌，然后加入一定量 APTES，水浴温度控制在 60 ℃，持续搅拌 1 h。

（2）定向接枝：称取一定量的 PEI 溶于水，磁力搅拌使 PEI 溶解，然后加入适量戊二醛（GA）溶液充分搅拌，交联反应 30 min，静置排出气泡后得到 GA-PEI 溶液。随后将得到的 GA-PEI 溶液加入（1）中的溶液中，温度保持在 60 ℃，混合反应 9 h，反应结束后加入无水乙醇反复洗涤 3～4 次，再进行烘干操作，最终将 B-PEI 定向接枝于 NOCMC 上。

6.3.3　I-CMC-g-B-PEI 的制备

Cr（Ⅵ）印迹过程参考蔡伟成等（2021）的制备方法，先进行预配位实验，2 h 后加入交联剂继续反应一段时间，最后置于碱液中洗脱模板，得到 I-CMC-g-B-PEI 材料。非印迹产物（N-CMC-g-B-PEI）的制备只是在印迹过程中不加入 Cr（Ⅵ）模板，其余步骤一致。

I-CMC-g-B-PEI 制备反应路线如图 6-2 所示：首先利用 APTES 对制备好的 NOCMC 进行改性，制备改性羧甲基 CTS A-NOCMC，随后加入 GA-PEI（戊二醛与 PEI 的混合溶液）复合溶液，与引入的 C6 位和 C2 位氨基进行反应，低分子量 PEI 上的大量的伯胺、仲胺等被接枝于 A-NOCMC 上。最后通过离子印迹技术制备印迹材料，利用 CTS 易溶于酸不溶于碱的特点洗去 Cr（Ⅵ）。

6.3.4　吸附实验

预先配制离子浓度为 100 mg·L^{-1} 的 Cr（Ⅵ）离子溶液备用，然后用电子天平称量 0.2 g 的多孔 CTS 微球放置于 250 mL 磨口锥形瓶中，加入 150 mL 的 Cr（Ⅵ）离子溶液，添加适量浓度为 2% 的弱酸调节溶液 pH，调节恒温振荡器升温至 30 ℃后放入样品，以 300 r·min^{-1} 的速度吸附 2 h，吸附结束后通过二苯碳酰二肼分光光度法测定溶液中 Cr（Ⅵ）的浓度，通过式（6-1）计算吸附量。

$$Q = \frac{V(C_0 - C_1)}{m} \tag{6-1}$$

式中：Q 为 Cr（Ⅵ）的吸附量，mg·g^{-1}；

　　　V 为 Cr（Ⅵ）溶液体积，L；

　　　$C_0 - C_1$ 为吸附前后溶液中 Cr（Ⅵ）浓度差值，mg·L^{-1}；

　　　m 为吸附材料的质量，g。

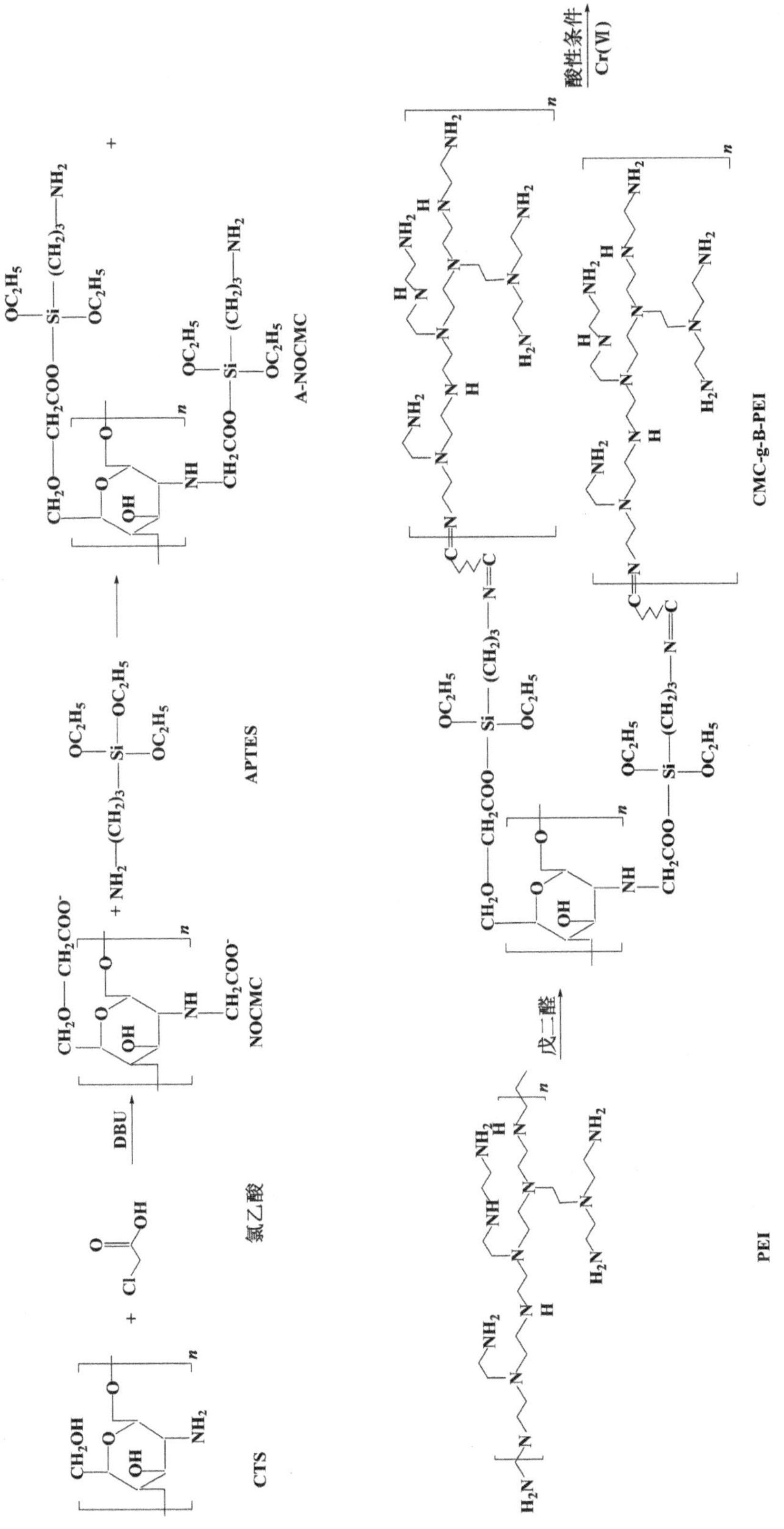
CTS
氯乙酸
DBU
NOCMC
APTES
A-NOCMC
PEI
戊二醛
CMC-g-B-PEI
酸性条件
Cr(VI)

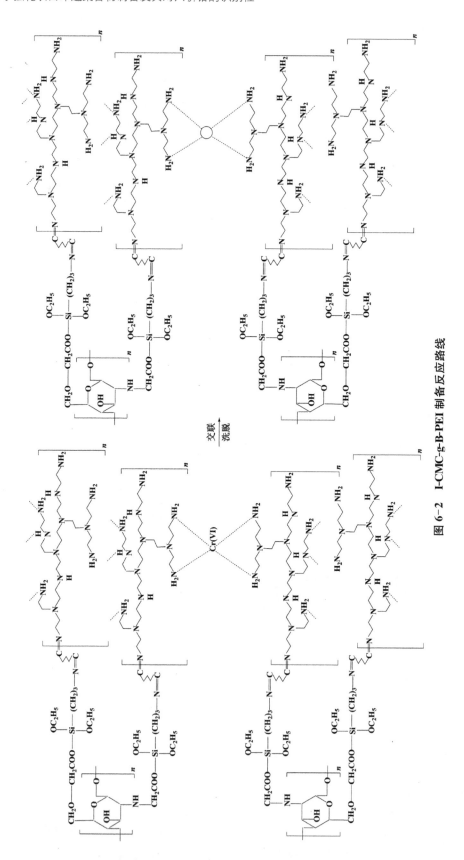

图 6-2 I-CMC-g-B-PEI 制备反应路线

6.3.5　脱附实验

拟采取多次吸附-脱附实验来评价所制备的 CTS 微球实用性能，称取一定量吸附饱和后的 CTS 微球，加入适量的 $0.1 \, mol \cdot L^{-1}$ 的稀盐酸溶液后，调节恒温振荡器升温至 $30 \, ℃$ 后放入样品，以 $300 \, r \cdot min^{-1}$ 的速度恒温振荡 $24 \, h$，之后取出加入一定量的 $0.1 \, mol \cdot L^{-1}$ 的 NaOH 溶液浸泡 $6 \, h$，多次少量洗涤干净，随后烘干至质量恒定。最后称取适量微球再次进行吸附处理，循环往复此操作 5 次后，通过式（6-1）计算每一次的 Cr（Ⅵ）的吸附量。

6.4　基本性质测定及表征方法

6.4.1　取代度（DS）的测定

利用电位滴定法，称取 $0.2 \, g$ 精制羧甲基 CTS 微球置于 $30 \, mL$ $0.1 \, mol \cdot L^{-1}$ HCl 标准溶液中溶解，然后用 $0.1 \, mol \cdot L^{-1}$ NaOH 标准溶液进行滴定，以消耗的 NaOH 体积为横坐标，对应的电动势为纵坐标，绘制一阶和二阶微分曲线图，滴定终点时所消耗的盐酸体积即是突变点。实验重复 3 次，取其平均值代入下述公式求其取代度：

$$A = \frac{(V_2 - V_1)c}{w} \tag{6-2}$$

式中：A 为每克羧甲基 CTS 中接上的羧甲基毫摩尔数，mmol；

$\quad$ $V_2 - V_1$ 为滴定羧甲基 CTS 至终点时消耗的 NaOH 标准溶液体积，mL；

$\quad$ w 为羧甲基 CTS 的质量，g；

$\quad$ c 为 NaOH 的浓度，$mol \cdot L^{-1}$。

$$DS = \frac{0.161A}{(1 - 0.058A)} \tag{6-3}$$

式中：A 为每克羧甲基 CTS 中接上的羧甲基毫摩尔数，mmol；

$\quad$ 0.161 为每个乙酰氨基葡萄糖残基物质的量，mol；

$\quad$ 0.058 为每毫克当量羧甲基物质的量，mol。

6.4.2　羧甲基 CTS 产率的测定

称取 $2.0 \, g$ CTS 进行羧甲基化反应，反应结束后准确称量所得羧甲基 CTS 的质量，分别记作 M_1（g）和 M_2（g），代入如下公式进行产率计算：

$$产率 = \frac{M_1}{M_2} \times 100\%$$

(6-4)

6.4.3 交联度的测定

利用溶胀平衡法，称取适量 I-CMC-g-B-PEI（质量记为 m_1，g）加入 2%乙酸溶液中，在室温下匀速搅拌 24 h，充分反应后称重（质量记为 m_2，g），此时，交联度 $= (m_1 - m_2)/m_1 \times 100\%$

6.4.4 表征及分析方法

6.4.4.1 SEM 分析

采用美国 FEI 公司扫描电子显微镜观测原始微球与多孔 CTS 微球的外观及剖面形貌结构特征，形貌拍摄时加速电压为 3 kV，能谱 Mapping 拍摄时加速电压为 20 kV，探测器为 SE2 二次电子探测器。

6.4.4.2 FTIR 分析

采用美国尼高力仪器公司 Nexus 870 型傅里叶变换红外光谱仪分别对 CTS、羧甲基 CTS（NOCMC）、CMC-g-B-PEI 和 I-CMC-g-B-PEI 进行表征，检测表面特定功能基团。

6.4.4.3 XPS 分析

采用美国赛默飞世尔科技公司的 250XI X 射线光电子能谱仪分别对羧甲基 CTS（NOCMC）和 I-CMC-g-B-PEI 进行表面化学结构表征，研究材料元素组成和化学键变化并探究功能单体 PEI 接枝有效结合的情况。

6.4.4.4 XRD 分析

采用荷兰帕纳科公司 PANalytical Empyrean 型 X 射线衍射仪，对 CTS、I-CMC-g-B-PEI 进行表征，研究其物相组成以及变化情况。

6.4.4.5 TG 分析

采用美国珀金埃尔默股份有限公司 Pyris 1 DSC 型热分析仪检测 CTS 与 NOCMC 的化学结构，对比分析 NOCMC 的热稳定性。

6.5 NOCMC 制备过程结果与讨论

6.5.1 羧甲基 CTS 制备过程参数优化实验

由于 CTS C6 上的羟基和 C2 位上的氨基具有很强的取代性，所以 CTS 与氯乙酸可以在强碱环境下发生羧基化反应，且 C6 上的羟基活性大于 C2 位上的氨基活性。本节在 NOCMC 制备过程选取多个单因素研究其对产品取代度以及产率的影响，从而得到 NOCMC 最佳的制备条件。

（1）不同分散介质的影响

在 CTS 羧甲基化过程中，选择四种不同性质的溶剂，测定不同溶剂下取代度来选择出最佳反应介质，根据不同溶剂的极性，分散介质分别为：水、甲苯、乙醇和 N，N-二甲基甲酰胺（DMF）。

图 6-3 为不同分散介质对取代度的影响，结果表明，相对于水，其他有机分散介质加入后，取代度均有所增加。当反应时间为 5 h 时，甲苯作分散介质得到的取代度最高，DMF 次之，乙醇相对较低，可能因为其极性较大，介电常数较高，影响反应的顺利进行。综上，甲苯可作为羧甲基化反应的理想分散介质，本研究后续均以甲苯为溶剂。

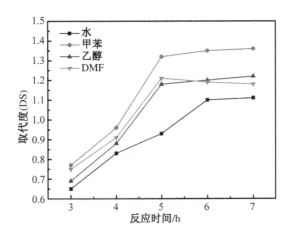

图 6-3 不同分散介质对取代度的影响

（2）催化剂的种类及其用量的影响

本实验选用氢氧化钠和二氮杂二环（DBU）两种催化剂，制备精制羧甲基 CTS 微球。氢氧化钠设置 5 个含不同质量（4 g、6 g、8 g、10 g、12 g）的 40% 溶液，二氮杂二环设置 5 个不同用量（0.05 g、0.1 g、0.15 g、0.20 g、0.25 g）。

由图 6-4、图 6-5 可知，DBU 作为强碱反应条件下，获得的羧甲基 CTS 取代度相比氢氧化钠效果好且用量低。强质子碱

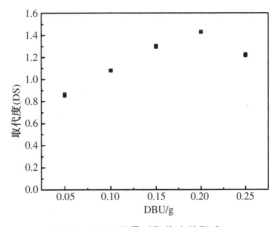

图 6-4 DBU 用量对取代度的影响

DBU 催化活性极高，取代度达到峰值后下降，整体趋势呈开口向下的抛物线状。当 DBU 用量为 0.20 g 时，取代度最高可达 1.44。在碱化过程中，随着 DBU 用量的增大，CTS 的活性位点随之增加，有利于取代反应的进行，因此取代度也随之增大。然而实验发现，随着强质子碱用量超过 0.20 g 时，副反应增多，无法做到与氯乙酸完全反应。因此该反应最佳 DBU 用量为 0.20 g。

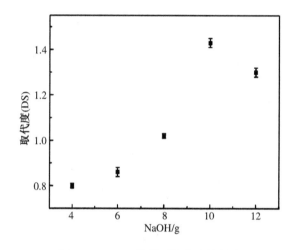

图 6-5　NaOH 用量对取代度的影响

pH>9 时有利于羧化反应进入结晶区，CTS 转化为 CTS 钠速率更高。由图 6-5 可知，NaOH 与取代度有直接关系，呈递增趋势，当 NaOH 用量为 10 g 时，最大取代度为 1.43。在反应体系中，碱浓度的增大使得结构单元中活性中心也随之增多，取代度因此有所增大。但碱的浓度过高，取代度急速降低，可能是由于过量强碱会导致羧甲基 CTS 的黏度下降、分子量降低、副反应增加，影响了 CTS 利用率。氢氧化钠和二氮杂二环均可作为羧基化反应的理想催化剂，但综合考虑到经济因素以及上述实验结果，将 CTS 与二氮杂二环的质量比定为 1∶1 为 DBU 的最佳用量，本书后续实验均以 DBU 为碱性催化剂。

（3）氯乙酸用量的影响

羧化反应速率与氯乙酸用量有关，为获得最大经济效益，固定氯乙酸用量以外其他条件，设置 5 组不同氯乙酸投加量情况下羧化反应进行对比，从而确定最佳氯乙酸用量。氯乙酸用量分别为 4 g、7 g、10 g、13 g、16 g。

氯乙酸用量对精制羧甲基 CTS 的取代度的影响如图 6-6 所示，取代度随着氯乙酸用量的变化呈开口向下的抛物线状。当氯乙酸用量在 4~10 g 范围内变化时，随着氯乙酸用量的增大，精制羧甲基 CTS 取代度稳步提高，这是因为氯乙酸浓度增大，活性中心与之碰撞概率增大。当氯乙酸投加量达到 10 g 时，取代度最大可达 1.22，然而氯乙酸用量继续增大时，实验发现产物的取代度立刻迅速下降且下降幅度较大。这是因为过量氯乙酸会在体系中发生中和等副反应，当 pH≤7 时，反应体系转变，羧甲基化反应即刻被打断。综合考虑经济因素和取代度结果，氯乙酸的用量为 10 g 时，可达最佳反应。

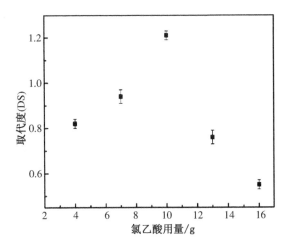

图 6-6　氯乙酸用量对取代度的影响

（4）反应温度的影响

反应温度不仅可以影响反应速率，对羧甲基 CTS 的产率也有重要影响。固定羧化反应温度以外的其他条件，仅改变温度，探究其与取代度之间的关系。本节设置 5 组不同温度的羧化反应实验，反应温度分别为 40 ℃、50 ℃、60 ℃、70 ℃、80 ℃，结果如图 6-7 所示。

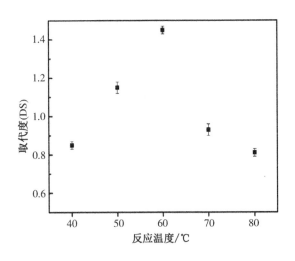

图 6-7　反应温度对取代度的影响

由图 6-7 温度与取代度之间的影响规律可见，精制羧甲基 CTS 取代度在 40～60 ℃ 区间逐步上升且上升幅度较大。这是因为随着温度的升高，分子运动速率增加，CTS 中的羟基与氨基活性较高，负氧离子和负氮离子与羧甲基的碳正离子反应加剧，继而反应速率提高。但当温度高于 60 ℃ 时，取代度断崖式下降，说明过高温度不利于亲电取代反应的发生，并且容易造成碱体系下副反应的加剧，使碱化 CTS 结晶遭到破坏，取代度大幅度下降。综上，最佳羧化反应温度为 60 ℃。

（5）反应时间的影响

固定碱的用量、氯乙酸用量、反应温度等其他条件，设计 5 组以反应时间为变量的对比试验，反应时间为 3 h、4 h、5 h、6 h、7 h，实验结果如图 6-8 所示。

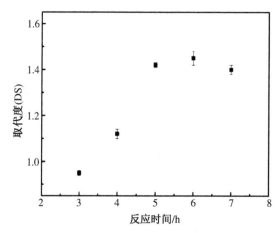

图 6-8　反应时间对取代度的影响

由图 6-8 反应时间对取代度的影响可见，反应时间在 3～5 h 区间内变化时，羧化反应顺利进行，取代度稳步上升。当羧化反应时间为 5 h 时，取代度为 1.42。可能因为在固定强碱浓度和固定氯乙酸浓度下，CTS 分子可以充分进行碱化反应，分子链上的—OH 和—NH$_2$ 完全伸展开来，羧化反应速率提高，致使羧甲基 CTS 的取代度增大；实验发现继续延长反应时间时，反应进入平台期，可能是因为随着时间的延长，CTS 大分子降解增多，副反应速率开始增加，黏度也随之增加。同时发现碱化时间固定为 1 h，产品黏度最佳，有利于后续羧化反应进行。因此在优化实验中，综合考虑到经济和时间成本，最佳羧化反应时间为 5 h。

6.5.2　产率的测定

对精制羧甲基 CTS 进行理化性质测定，与 CTS 进行对比，实验结果如表 6-3 所示，该制备工艺经济成本较低，产率不仅得到大幅度提升，还解决了 CTS 机械性能差，易受水体 pH 影响的弊端，为未来投入工业规模化生产提供了可能性。

表 6-3　NOCMC 与 CTS 对比

物质	产率/%	溶解性	经济成本/（元·kg^{-1}）
NOCMC	97.6	可溶	91
CTS	12.3	不溶	63

6.5.3　材料表征

6.5.3.1　SEM 分析

扫描电子显微镜可以对材料进行高效理化分析，利用其可以实现各种形式的图像观察、化学微量元素分析、晶体结构分析、三维形貌的观察与解析，能够观察多孔 CTS 表面和剖面形貌特征以及多孔 CTS 中不同区域的结构细节（图 6-9），在观测形态的同时，还可以实现对微区的化学成分解析。

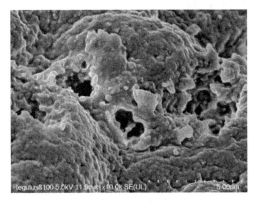
（a）原始微球 1

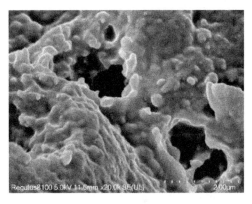
（b）原始微球 2

（c）多孔微球 1

（d）多孔微球 2

图 6-9　原始 CTS 微球与多孔 CTS 微球扫描电镜图

如图 6-9 所示，分别对原始微球和多孔 CTS 进行扫描，由图（a）（b）可以看出原始 CTS 微球表面较为紧密，属于晶体结构。图（c）（d）相比于原始 CTS 微球可以发现，多孔 CTS 微球表面疏松多孔、不规则，材料内部含有大量的三维网状空穴结构，更加有利于离子交换。

6.5.3.2　FT-IR 分析

根据不同官能团和化学键的吸收频率不同，可以利用红外光谱技术对材料进行结构分析。使用 Nexus 870 型傅里叶变换红外光谱仪对产品进行测定。图 6-10 为羧化反应前后 CTS 与 NOCMC 红外光谱图，分析对比两者之间的差别。

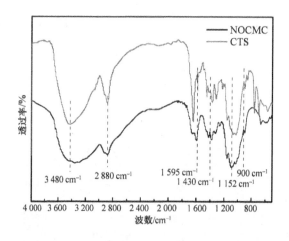

图 6-10　羧化反应前后 CTS 与 NOCMC 红外光谱图

如图所示，两条红外光谱曲线峰型大致保持一致，说明羧化过程中 CTS 基本骨架没有发生改变。波数 $3\,480\ cm^{-1}$ 处的复合吸收峰是由于—OH 和—NH 重叠形成的，可以发现峰变宽，说明发生了亲核取代反应，分子链上的—OH 和—NH 被取代。波数 $2\,880\ cm^{-1}$ 处是 C—H 的伸缩振动峰，羧化反应结束后峰宽减弱，说明反应过程甲基和亚甲基含量大幅度减少。波数 $1\,595\ cm^{-1}$ 和 $1\,430\ cm^{-1}$ 是羧基的非对称和对称特征吸收峰，是由—COO 与酰胺 II 带处的—NH 变形振动峰重叠形成，说明该反应成功引入了羧甲基。波数 $1\,152\ cm^{-1}$ 是由 C—O—C 伸缩振动产生，峰变强表明 C6 位上的—OH 被取代。波数 $900\ cm^{-1}$ 处吸收峰减弱，这是由于 C2 位上的—NH$_2$ 被取代，再次证明 CTS 经过羧化反应生成了 N，O-羧甲基 CTS。因此，通过对羧化反应前后 CTS 的红外光谱进行分析，可以确定 CTS C2 位上氨基与 C6 位上羟基与氯乙酸成功发生亲核取代反应。

6.5.3.3　XPS 分析

XPS 可以高灵敏度、高分辨率地对材料表面元素种类和价态进行定性、半定量分析并能结合离子束溅射、角分辨深度剖析获得材料表面层的纵深分布信息，已经被广泛应用于吸附材料研究。图 6-11 为 NOCMC 的 X 射线光电子能谱图，可分析反应过程中化学结构的变化。

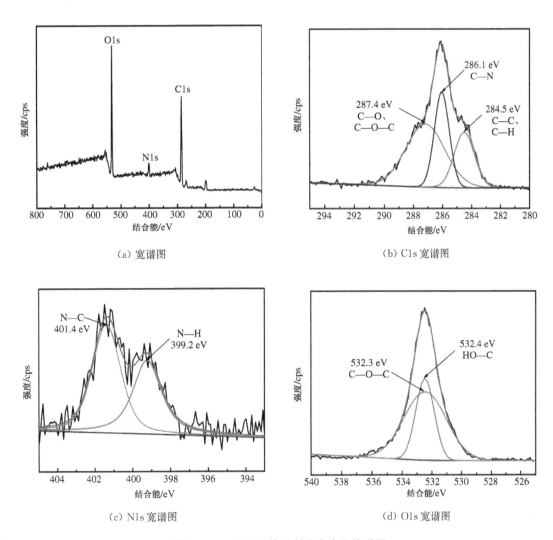

图 6-11　NOCMC 的 X 射线光电子能谱图

由图（a）可以发现一共有 3 个显著峰，分别为 C1s、N1s、O1s。图（b）为羧化反应后的 C1s 宽谱图，4 处结合能分别为：C—C、C—H（284.5 eV），C—N（286.1 eV），C—O、C—O—C（287.4 eV）。图（c）为羧化反应后 N1s 宽谱图，其中 399.2 eV、401.4 eV 分别是 N—H、N—C 的结合能，相对于纯 CTS 可以发现 N—C 键比例增加，说明 C2 位上成功发生取代反应。图（d）为羧化反应后 O1s 宽谱图，其中 532.4 eV、532.3 eV 分别是 HO—C、C—O—C 的结合能，可以发现对比 CTS 在 HO—C 处结合能增加。红外谱图和 X 射线光电子分析结果相吻合，共同验证了 NOCMC 的合成路线。

6.5.3.4 热稳定性分析

CTS羧化反应后，耐热性随之发生变化。NOCMC为两性聚电解质，分子链上含有大量极性基团，容易与水分子作用，所以NOCMC含有大量缔合水。因此，对CTS和羧甲基CTS（NOCMC）在氮气气氛下，温度范围22℃（室温）～800℃进行热重分析，探究其亲核取代后的热稳定性。图6-12（a）（b）为两者热失重TG曲线以及热失重一次微分DTG曲线，分析对比热稳定性。

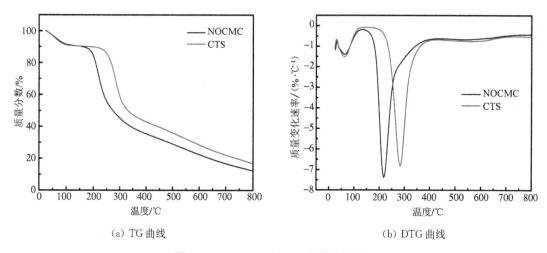

| （a）TG曲线 | （b）DTG曲线 |

图6-12　NOCMC和CTS的热分析谱图

从图（a）可以看出，CTS有两次热失重过程，第一阶段的失重温度在50～250℃之间，失重率约为5.8%，质量损失较少，可能因为CTS部分分解以及部分水分子由于分度太高造成脱附挥发。CTS的第二阶段失重温度位于250～500℃区间，这是因为在350℃左右时CTS分子链断裂，发生热分解，多糖转变为单糖。CTS与N，O-羧甲基CTS微球的含水量相差三倍，NOCMC在250℃左右质量损失严重，这是由自由水和缔合水以及聚合物小分子的消失造成的。在250～500℃质量持续损失，这是因为高温破坏了羧甲基CTS分子链，使之降解为低分子聚合物。从图（b）可以看出，NOCMC最大降解速率温度比CTS要小，这是由于分子间强有力的氢键被配位作用所破坏。总的来看，CTS热分解温度要高于NOCMC，可能是因为羧化过程中强碱破坏了CTS本身聚合度，使得NOCMC的热稳定性降低。

6.6 I-CMC-g-B-PEI制备过程结果与讨论

设计一系列单因素实验来探究I-CMC-g-B-PEI最佳制备条件，交联改性过程中包括

APTES 投加量、戊二醛- B-PEI 物料比、戊二醛- B-PEI 预反应时间、戊二醛- B-PEI 预反应温度、交联反应温度、交联反应时间；离子印迹过程中包括环氧氯丙烷（ECH）投加量、反应温度和反应时间。然后通过红外光谱仪、光电子能谱仪、X 射线衍射仪对获得的材料进行表征，分析制备过程中的化学变化。

6.6.1　交联改性过程制备参数优化实验

（1）APTES 投加量

APTES 可以发生自身聚合，再与羧甲基形成 Si—O 键。然后形成的 A-NOCMC 单分子以自身为基点继续与剩余 APTES 连锁反应，使得羧甲基 CTS 整个球体表面被氨基覆盖，表面呈光滑均匀结构，对后续离子印迹形成的吸附位点数量有着重要影响。反应过程如图 6-13 所示。

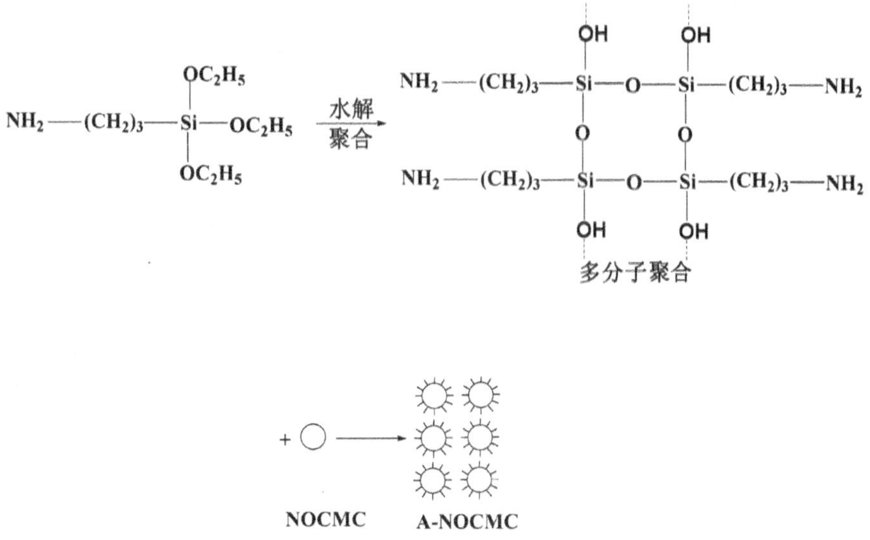

图 6-13　A-NOCMC 合成示意图

合成出的 A-NOCMC 对后续接枝过程和离子印迹过程有着直接影响，所以 APTES 投加量是合成 I-CMC-g-B-PEI 的关键因素。设置 5 组不同 APTES 投加量（0.5 mL、1.0 mL、1.5 mL、2.0 mL、2.5 mL）探究 APTES 对 Cr（Ⅵ）的吸附量影响。

如图 6-14 所示，改性剂 APTES 的投加量在 0.5～1.5 mL 变化时，吸附量呈现增大趋势，但 APTES 投加量超过 1.5 mL 时，Cr（Ⅵ）的吸附量逐渐平稳且稍有下降。这是因为 I-CMC-g-B-PEI 的吸附官能团有限，提供的吸附位点达到饱和，并且功能单体 APTES 过量时，在材料表面会出现过度自交联以及自聚合现象，会对后续多胺接枝过程产生负面影响，从而导致离子印迹产品吸附效果不佳。所以，当 APTES 投加量为 1.5 mL 时，A-NOCMC 吸附能力最强。

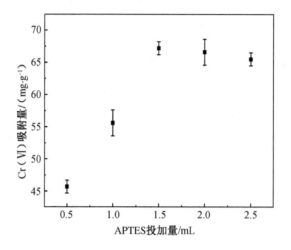

图 6-14　APTES 投加量对 Cr（Ⅵ）的吸附量影响

（2）$M_{戊二醛} : M_{B\text{-}PEI}$

在第三步 B-PEI 接枝反应中，戊二醛- B-PEI 复合溶液需要进行预反应，若不进行戊二醛和 B-PEI 的预反应，可能导致 A-NOCMC 本身过多无序交联反应，从而降低 B-PEI 的接枝率。但复合溶液预反应中，若戊二醛与 B-PEI 反应较为彻底，则留下较少活性醛基基团用来接枝 A-NOCMC；若戊二醛与 B-PEI 反应程度过小，则 B-PEI 接枝率不理想。考察戊二醛- B-PEI 预反应中物料比变量对最终材料氨基接枝率的影响，结果如图 6-15 所示。

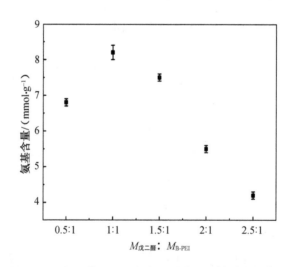

图 6-15　戊二醛- B-PEI 物料比对产物氨基含量的影响

随着戊二醛-B-PEI 物料比的增大，氨基接枝率呈先上升后下降的趋势，当戊二醛-B-PEI 物料比为 $M_{戊二醛} : M_{B-PEI} = 1:1$ 时，氨基接枝率达到最大值。这是因为当戊二醛-B-PEI 物料比小于 1:1 时，用于接枝的醛基含量较少，导致氨基接枝率不理想；当戊二醛-B-PEI 物料比大于 1:1 时，反应物料部分呈絮状，可能是由于戊二醛过量，使得 B-PEI 的伯胺和醛基发生 Schiff 碱反应过多交联，最后脱水形成含—C=N—的 Schiff 碱，导致接枝率下降。

（3）戊二醛-B-PEI 预反应时间

固定其他条件不变的情况下，设置 5 组不同戊二醛-B-PEI 复合溶液预反应时间，分别为 5 min、10 min、20 min、30 min、45 min。

如图 6-16 结果表明：随着反应时间的增加，氨基含量达到峰值后会下降，当充分反应 30 min 左右，发现氨基含量最大，接枝率也就达到最大值。这是因为在 5～30 min 内，PEI 与戊二醛反应愈加强烈，在 30 min 之后，交联过度，消耗了大量醛基导致无法接上 A-NOCMC。因此，此后合成戊二醛-B-PEI 复合溶液实验中预反应时间选择为 30 min。

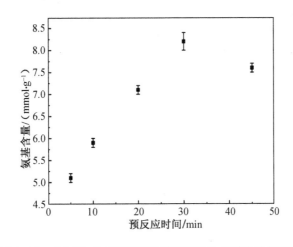

图 6-16　戊二醛-B-PEI 预反应时间对产物氨基含量的影响

（4）戊二醛-B-PEI 预反应温度

同时对第二步戊二醛-B-PEI 预反应中的反应温度进行研究，设置 5 组不同戊二醛-B-PEI 复合溶液预反应温度，分别为室温（约 22 ℃）、30 ℃、40 ℃、50 ℃、60 ℃。

如图 6-17 结果表明：随着反应温度的增高，氨基接枝率呈先快速增大后缓慢增大直至 50 ℃左右平缓。说明在一定范围内适当升高温度，使得分子间的动能增大，醛基与氨基分子链之间的接触概率增大，反应更加充分。从预反应温度对于吸附剂有效氨基含量的影响研究得知，当合成戊二醛-B-PEI 复合溶液的控制温度为 50 ℃时，产品的氨基含量最大，所以以下的合成 I-CMC-g-B-PEI 研究中预反应温度均为 50 ℃。

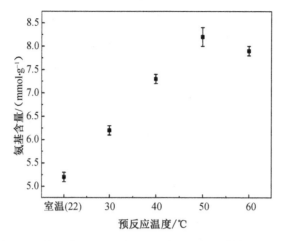

图6-17　戊二醛-B-PEI预反应温度对产物氨基含量的影响

6.6.2　接枝改性过程制备参数优化实验

（1）接枝反应时间

为了探究接枝 PEI 过程中反应时间对于吸附容量的影响，设置 3 h、5 h、7 h、9 h、12 h 等 5 组不同的反应时间，固定戊二醛与 PEI 反应条件且接枝反应温度为 60℃，获得的接枝材料进行吸附量的测定。

从图 6-18 可以发现，在 0～7 h 的吸附过程中，吸附量攀升较快，因为此期间 CMC-g-B-PEI 提供了较多的 Cr（Ⅵ）离子特异性识别位点。在 7～9 h 的吸附过程中，吸附量增速减缓，位点大量消耗。当反应时间为 9 h 时，CMC-g-B-PEI 对 Cr（Ⅵ）的吸附容量达到最大，12 h 后吸附量基本持平，吸附位点消耗殆尽，因此确定该吸附体系下 CMC-g-B-PEI 在 9 h 时达到吸附饱和。

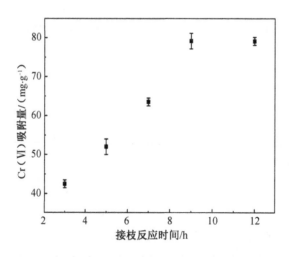

图6-18　接枝反应时间与 Cr（Ⅵ）吸附量之间关系

（2）接枝反应温度

为了探究吸附温度对于接枝过程中材料除去 Cr（Ⅵ）的吸附性能的影响，因此设计 5 组不同温度的吸附实验，分别为 30 ℃、40 ℃、50 ℃、60 ℃、70 ℃，固定戊二醛与 PEI 反应条件且接枝反应时间为 9 h，最后制备的材料进行 Cr（Ⅵ）吸附。

如图 6-19 所示，伴随温度的升高，Cr（Ⅵ）的吸附量也有上升趋势，温度增大对吸附效果具有良性影响。随着温度在 30～60 ℃之间逐渐升高，分子与分子之间的碰撞概率随之变大，反应剧烈且能够顺利进行。然而当温度继续升高超过 60 ℃时，分子链慢慢开始出现分解现象，高温也会降低吸附位点的活性。温度对吸附量影响较大，因此应尽量控制温度变化范围，以便符合实际生产要求。根据实验结果，选择 60 ℃作为接枝过程中最佳反应温度。

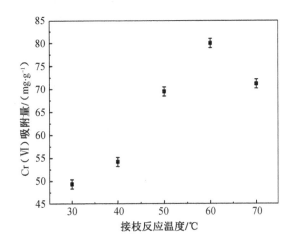

图 6-19　接枝反应温度与 Cr（Ⅵ）吸附量之间关系

6.6.3　离子印迹过程制备参数优化实验

（1）交联剂 ECH 用量

环氧氯丙烷（ECH）含有碳氯键和环氧键两个活性位点，环氧基中的 O 原子电负性远大于 C 原子，极易产生静电极化作用，增加了 O 原子周边电子云密度。CMC-g-B-PEI 中的氨基和羟基可以进攻 C 原子，使得环氧基开环，C—O 键断裂，生成新键。同理，碳氯键中的 Cl 原子电负性也大于 C 原子，极易产生静电极化作用，增加了 Cl 原子周边电子云密度，氨基和羟基能够进攻 C 原子使得 C—Cl 断裂，生成新键，完成交联。反应机理如图 6-20 所示。

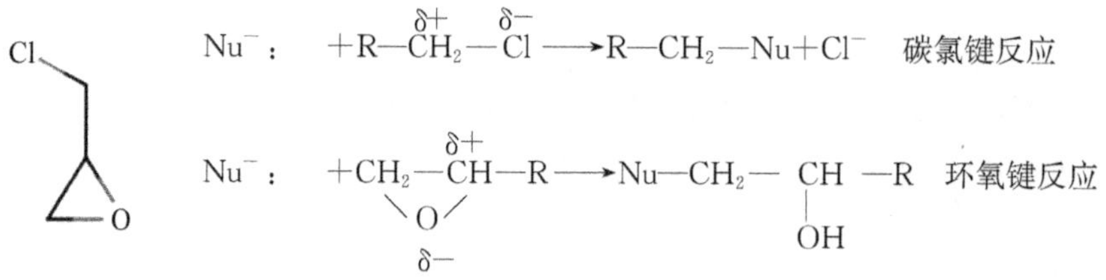

$$Nu^-：+R-\underset{\delta+}{CH_2}-\underset{\delta-}{Cl}\longrightarrow R-CH_2-Nu+Cl^- \quad 碳氯键反应$$

$$Nu^-：+\underset{\delta+}{CH_2}-CH-R\longrightarrow Nu-CH_2-\underset{OH}{CH}-R \quad 环氧键反应$$

图 6-20　亲核试剂对环氧基和碳氯基反应机理

对已接枝 B-PEI 的产物进行 Cr（Ⅵ）印迹改性，研究了交联剂用量对印迹产物交联度的影响。交联度过高也会导致反应功能基团过量，吸附作用的基团减少，同时可能造成目标重金属离子不易被"捕捉"，离子印迹结束后模板离子无法彻底洗脱。然而，低交联度会使生成的三维网状结构缺少稳定性，酸洗过程中使得识别位点大量丢失。因此，分别设置 5 组交联剂用量为 5 mL、6 mL、7 mL、8 mL、10 mL 的单因素对比试验，探究交联剂 ECH 如何影响材料的交联度。

图 6-21 为 ECH 用量与 I-CMC-g-B-PEI 吸附量之间的影响规律。显然，通过改变交联剂添加量而改变材料交联度是可行的，交联度随 ECH 添加量的增加而增大，交联度在 ECH 用量为 8 mL 时基本出现平稳趋势不再随之继续增大，此时可认为用于交联用的功能基团已经逐渐消耗殆尽，I-CMC-g-B-PEI 的分子结构刚性最强。

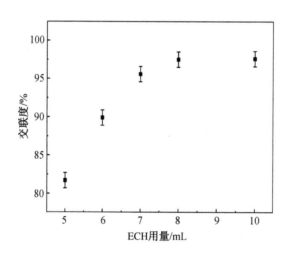

图 6-21　交联剂 ECH 用量对产物交联度的影响

（2）交联温度

在离子印迹过程中，温度对交联度大小有着不可忽视的影响。在固定交联剂用量 8 mL 和交联时间 60 min 的条件下，设置 5 组温度分别为 20 ℃、30 ℃、40 ℃、50 ℃、60 ℃ 的单因素实验来探究交联温度如何影响材料的吸附能力。

图 6-22 为交联温度对 I-CMC-g-B-PEI 交联度的影响。交联度在温度 20～40℃之间变化时，交联度明显增大，说明适当地增加温度，不但可以削弱分子间作用力，还可以增加分子间碰撞概率和运动速度，所以在合理范围内增加温度有利于交联反应的进行。然而，当温度过高时会引起环氧氯丙烷发生分解且会导致 I-CMC-g-B-PEI 机械强度和分子结构刚性减弱，实验证明了此观点，所以选择 40℃作为离子印迹过程中最佳反应温度。

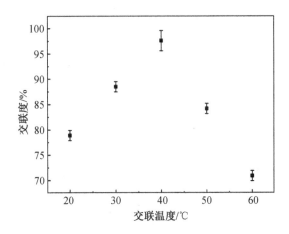

图 6-22　交联温度对产物交联度的影响

（3）交联时间

材料交联度与交联时间有关，为了解交联时间对吸附能力的影响，固定交联时间以外其他所有条件，设置 5 组不同对比试验，于 40℃下分别搅拌吸附 40 min、60 min、80 min、100 min、120 min。

图 6-23 是交联时间与改性印迹材料交联度之间的关系，40～80 min 内交联度急速增大主要是因为交联时间较短时，交联剂 ECH 未与活性基团氨基完全反应，无法生成致密的、完整的网状结构包覆在材料表面，影响印迹材料交联度大小。当交联时间达到 80 min 时，印迹材料交联度最大可达 97.5％。然而由实验可知，随着交联时间延长，交联剂 ECH 中的环氧基已与 CTS 中的氨基完全反应，此情况下不仅不会提高吸附容量，反之会使产物发生过度交联导致内部结构破碎。因此，过长时间不利于交联反应

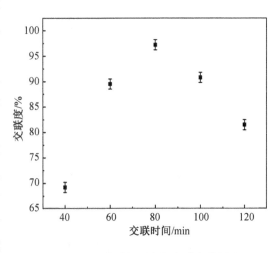

图 6-23　交联时间对产物交联度的影响

的进行，后续印迹与非印迹实验均选择 80 min 作为印迹过程中最佳交联时间。

6.6.4 材料表征

6.6.4.1 FT-IR 分析

对 CTS、NOCMC、CMC-g-B-PEI 和 I-CMC-g-B-PEI 进行近红外表征，数据处理后得到图 6-24。

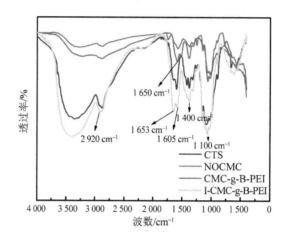

图 6-24 CTS、NOCMC、CMC-g-B-PEI 和 I-CMC-g-B-PEI 红外谱图

从图 6-24 中可以观察出，N—H 与 O—H 伸缩振动重叠形成了波数在 3 420 cm^{-1} 附近的宽峰，C—H 伸缩振动形成波数 2 920 cm^{-1} 位置处的宽峰，波数 1 600 cm^{-1} 处是 —NH—C＝O 中的 N—H 伸缩振动吸收峰。与 CTS 相比，羧甲基 CTS（NOCMC）中波数 1 650 cm^{-1} 处的 C＝O 伸缩振动吸收峰，波数 1 600 cm^{-1} 处的 N—H 伸缩振动吸收峰以及波数 1 030 cm^{-1} 处的—OH 基团主峰全部消失，波数 1 605 cm^{-1} 和 1 400 cm^{-1} 位置处出现 COO$^-$ 的对称和非对称峰。这说明了羧化反应成功发生且发生位置在 CTS 的氨基和羟基基团上。

由最终产物 I-CMC-g-B-PEI 印迹前后的红外光谱图可知，相比于 CMC-g-B-PEI 红外光谱图，利用戊二醛交联后产生的 C＝N 新吸收峰在 I-CMC-g-B-PEI 光谱图中显现，此峰是由戊二醛的醛基与氨基发生 Schiff 碱反应产生，新吸收峰的生成也说明了 PEI 接枝改性的成功，在波数 1 100 cm^{-1} 处出现了 Si—O—Si 伸缩振动峰，在波数 1 262 cm^{-1} 处出现了 C—N—（叔胺）伸缩振动峰。而 N—H 弯曲振动吸收峰波数移动到 1 604 cm^{-1} 处的吸收峰，这可能是由于伯胺和新的仲胺中的 N—H 吸收峰的共同作用，说明了在 Si—OH 作为桥梁的作用下，APTES 被成功接上 NOCMC，经过改性，大量对重金属离子具有良好吸附作用的氨基基团也被成功接枝。

6.6.4.2　XPS 分析

为了更进一步探究 I-CMC-g-B-PEI 对重金属的吸附机理，通过 XPS 测试对 CTS 和 I-CMC-g-B-PEI进行表征，图谱如图 6-25 所示。

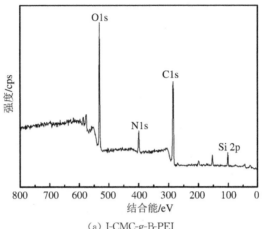

（a）I-CMC-g-B-PEI

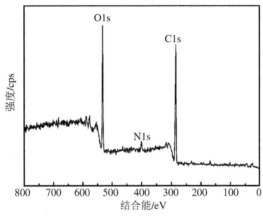

（b）CTS

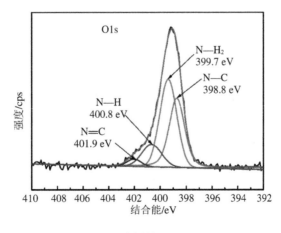

（c）N1s

图 6-25　I-CMC-g-B-PEI 的 X 射线光电子能谱图

由图可知，印迹后 I-CMC-g-B-PEI 的宽谱图有 4 个明显特征峰，包括 C1s、N1s、O1s、Si 2p，Cr（Ⅵ）峰未出现证明酸洗成功。从图（a）（b）宽谱图对比可以看出，Si、O 的信号峰增强，说明 APTES 与羧甲基结合后，产生新的 Si—O—Si 键，成功将 APTES 中含有 N 元素的功能基团引入材料表面。图（c）所示，对 N1s 拟合后得到 4 个峰，分别为 N—H（400.8 eV）、N—C（398.8 eV）、N—H$_2$（399.7 eV）、N＝C（401.9 eV），N1s 处的信号峰明显增强，其中相对于 NOCMC，新增了 401.9 eV 处结合能，这是因为制备过程中发生了 Schiff 碱反应生成了 C＝N 双键，XPS 测试再次佐证红外分析结果。

6.6.4.3　XRD 分析

为了更好地了解材料内部化学结构变化，采用 X 射线衍射仪对 CTS、I-CMC-g-B-PEI 作分析，结果如图 6-26 所示。

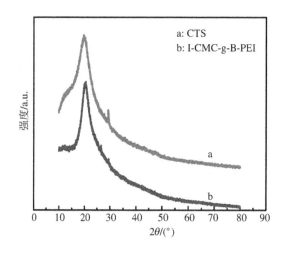

图 6-26　I-CMC-g-B-PEI 的 X 射线衍射图

由图 6-26 可知，CTS 在 20°左右处出现明显强度的衍射吸收峰，此处衍射强度最大，呈现出典型晶体结构特征峰，这主要是由于分子间的氢键作用。并且发现在 27°附近出现晶态衍射，说明了 CTS 分子中不止一种晶体结构，这是由于多种结构综合作用形成。相比于 CTS 的 XRD 图，I-CMC-g-B-PEI 吸附前图谱中在 20°处衍射吸收峰的强度大幅度减弱，表明其结晶度下降；此外，27°处的衍射峰几乎消失，可能是由于 CTS 分子上的 C6 位和 C2 位分别引入了羧甲基，Schiff 碱反应削弱了 CTS 分子内部及分子间的氢键作用，破坏了原来的晶格结构，从而导致衍射峰的消失。

6.7　实用性评估

是否具有高效的重复再生性是评价吸附剂实用性能的一项重要指标，并且与经济效益息息相关。图 6-27 是吸附材料经过 5 次吸附-脱附实验后的 Cr（Ⅵ）吸附容量图。从图中可以看出，随着吸附再脱附的实验循环，吸附量仅仅有微量损失，并没有明显变化，说明所制备的 I-CMC-g-B-PEI 重复利用性较高，对未来工业化生产具有积极意义（图 6-28）。

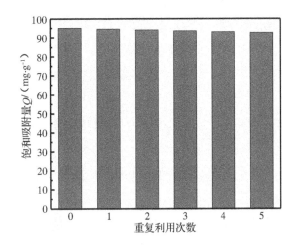

图 6-27　I-CMC-g-B-PEI 可重复利用性次数与吸附量关系

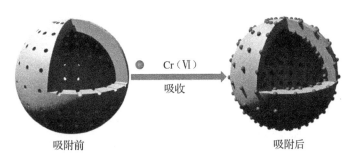

图 6-28　I-CMC-g-B-PEI 吸附 Cr（Ⅵ）的吸附机理

6.8　结论

本章主要研究了羧甲基 CTS 离子印迹材料的制备，并通过单因素实验选择出 CTS 基印迹衍生物的最优化合成参数，通过多种表征方法对制备过程中各步产物进行表征分析，结论如下：

（1）通过单因素实验探究了 NOCMC 的最佳制备参数：2 g CTS 在甲苯反应介质中溶胀 1 h 后，利用 0.2 g DBU 碱化 1 h，投加氯乙酸 10 g，反应温度 60 ℃，反应时间 5 h 时，通过电位滴定法测总取代度最高为 1.43。

（2）对 NOCMC 理化性质进行测定，结果发现，经过羧化反应后产物产率得到极大提高，产率约为 97.6%。对 NOCMC 进行表征，从内部化学结构、电子能级变化以及晶形结构变化分析研究 CTS 与羧甲基 CTS 之间的差别。由 SEM 图可知致孔后羧甲基 CTS 微球表面均匀紧密，内部多孔网状结构有利于金属离子的快速交换。通过 FT-IR 进行官能团检测，可知红外光谱出现羧甲基特征峰，说明 CTS 分子链 C2 位上氨基、C6 位上羟基与氯乙酸成功发生取代反应，XPS 佐证了此结论。由 TG 可知，发生取代前后，耐热性变化相对较小，相比于 CTS，NOCMC 的热稳定性略有下降。

（3）在利用 APTES 改性过程中，APTES 最佳投加量为 1.5 mL，戊二醛与 B-PEI 复合溶液的预反应最佳条件为 $M_{戊二醛}：M_{B-PEI}=1：1$，反应时间 30 min 及反应温度 50 ℃；定向接枝多胺高分子树枝状聚乙烯亚胺（B-PEI）于 A-NOCMC 结构过程中，当反应温度为 60 ℃，反应时间为 9 h 时，反应达到平衡。在印迹改性过程中，ECH 投加量为 8 mL、反应时间为 80 min、反应温度为 40 ℃时对 Cr（Ⅵ）吸附量最大。

（4）通过红外光谱表征验证材料改性前后的红外功能基团种类，并通过 XPS 对 I-CMC-g-B-PEI 进行分析，材料表面具有丰富的官能团和活性位点，制备过程中发生了 Schiff 碱反应生成了 C=N 双键。通过 XRD 可以发现氨基与醛基发生有效反应，导致 27°处衍射峰消失。

（5）多次吸附-脱附实验证明所制备的 I-CMC-g-B-PEI 具有很高的重复利用性，对工业化生产具有重要意义。

综上所述，通过多种改性方法制备而得的复合材料对环境具有友好性，相比于改性前，I-CMC-g-B-PEI 对 Cr（Ⅵ）具有很强的吸附能力，因此可以较大规模地应用在实际工业生产与生活中。此外，后续实验主要聚焦于所获得的离子印迹材料的吸附选择性研究。

第七章 I-CMC-g-B-PEI 对 Cr（Ⅵ）的吸附特性研究

7.1 引言

日常工业生产排放废水中的铬离子主要以阴离子形式存在于我们生活的环境中，可以通过水体形式进入细胞膜中与蛋白质形成配合物或者使 DNA 变性从而破坏细胞结构，最终会损害人体上呼吸道、消化系统，当摄入量高于 $10 \, mg \cdot L^{-1}$ 时致死，因此如何去除废水中 Cr（Ⅵ）成为新时代亟须解决的问题之一。前文分别制备了 NOCMC 以及 I-CMC-g-B-PEI，通过单因素对比实验、形貌对比等手段确定了材料最佳制备条件，并对最后产物进行了表征，验证了材料已成功接上目标基团。本章为了进一步探究 I-CMC-g-B-PEI 对 Cr（Ⅵ）的吸附性能及机理，利用振荡吸附法，研究不同因素对吸附量的影响，并通过多种吸附模型及参数分析吸附内在驱动力和机理，建立理论基础以及探究吸附速率控制机制。

7.2 实验药品及仪器

7.2.1 实验药品

实验所需试剂及来源见表 7-1。

表 7-1 实验试剂及来源

试剂名称	纯度	生产厂家	用途
I-CMC-g-B-PEI	—	实验室自制	吸附材料
硫酸	分析纯	上海凌峰化学试剂有限公司	调节 pH

（续表）

试剂名称	纯度	生产厂家	用途
环氧氯丙烷	分析纯	上海凌峰化学试剂有限公司	交联剂
去离子水	—	实验室自制	溶剂
氢氧化钠	分析纯	西陇科学股份有限公司	调节 pH
重铬酸钾	分析纯	上海凌峰化学试剂有限公司	吸附质
二苯碳酰二肼	分析纯	国药集团化学试剂有限公司	显色剂

7.2.2 实验仪器

实验所需仪器及来源见表 7-2。

表 7-2 实验仪器及来源

仪器名称	型号	生产厂家
磁力搅拌器	85-1	江苏金怡仪器科技有限公司
电子天平	e-10d	德国赛多利斯集团
恒温振荡器	SHA-B	常州智博瑞仪器制造有限公司
真空干燥箱	ST-120B2	上海爱斯佩克环境设备有限公司
紫外分光光度计	UV752	上海佑科仪器仪表有限公司
pH 计	F2-Field	瑞士梅特利托利多集团

7.3 实验方法

每组实验重复 3 次，同时进行空白实验作对照（相对误差≤5%），最终结果取平均值。实验室自制纯 Cr（Ⅵ）模拟废水溶液［Cr（Ⅵ）浓度为 100 mg · L^{-1}］和模拟含 Cr（Ⅵ）工业电镀废水［Cr（Ⅵ）浓度为 100 mg · L^{-1}、SO_4^{2-} 浓度为 40 mg · L^{-1}、Cr（Ⅲ）浓度为 40 mg · L^{-1}、Ni^{2+} 浓度为 40 mg · L^{-1}、PO_4^{3-} 浓度为 40 mg · L^{-1}］，以下均称为混合废液。

7.3.1　pH 影响实验

称取 100 mg·L^{-1} 的含 Cr（Ⅵ）模拟废水和混合废液各 150 mL，分别置于体积 250 mL 的磨口锥形瓶中，然后称量约 0.2 g I-CMC-g-B-PEI，分别放在上述磨口锥形瓶中，选择添加不同盐酸和氢氧化钠溶液配比来调节模拟废水溶液的 pH，水浴加热至一定温度后放入样品，以 300 r·min^{-1} 的速度吸附 2 h，吸附结束后测定溶液 Cr（Ⅵ）的浓度。为了探究不同 pH 对吸附量的影响，设置多组以 pH 为单因素变量的平行实验，反应结束后使用公式（7-1）计算样品吸附量：

$$q_e = \frac{V(C_0 - C_1)}{m} \tag{7-1}$$

式中：q_e 为 Cr（Ⅵ）的平衡吸附量，mg·g^{-1}；其他参数与式（6-1）相同。

7.3.2　吸附动力学实验

称取浓度为 100 mg·L^{-1} 的含 Cr（Ⅵ）模拟废水和混合废液各 150 mL，分别置于体积 250 mL 的磨口锥形瓶中，然后称量约 0.2 g I-CMC-g-B-PEI，分别放在上述磨口锥形瓶中，调节恒温振荡器升温至一定温度后放入样品，调节 pH 后吸附 300 min，在 0、10、30、60、90、120、160、200、240、300 min 时测定吸附量。

7.3.3　吸附等温线实验

吸附等温线实验设置 5 组以温度为变量的平行实验，分别为 20 ℃、25 ℃、30 ℃、35 ℃、40 ℃，其余步骤参照吸附动力学试验，吸附结束后测定 Cr（Ⅵ）浓度。

7.3.4　干扰离子影响实验

在溶液 pH＝5、反应时间 80 min、反应温度 40 ℃、ECH 投加量 8 mL 条件下，通过配置不同双组分混合废液来探究干扰离子对吸附选择性的影响。测定不同交联度的 I-CMC-g B PEI 在不同双组分溶液中对 Cr（Ⅵ）的吸附量。

7.3.5　交联度影响实验

交联度影响实验通过改变 ECH 用量来控制产物的交联度，其余步骤参照干扰离子影响试验，探究交联度与吸附选择性的影响规律。实验结束后测定 Cr（Ⅵ）浓度。

7.3.6　pH 漂移值的测定

煮沸去离子水盐溶液来去除 CO$_2$ 等气体，冷却后添加适量盐酸和氢氧化钠溶液调节至特定 pH（记为 pH_1）。将材料浸泡于上述溶液中，24 h 后记录溶液 pH（记为 pH_2），漂移值＝pH_1－pH_2。

7.4 结果与讨论

7.4.1 pH 的影响

Cr（Ⅵ）在不同 pH 环境下存在的形式也不同。当溶液 pH≤7 时，铬离子主要以 $Cr_2O_7^{2-}$ 和 $HCrO_4^-$ 形式存在；当溶液 pH＞7 时，铬离子主要以 CrO_4^{2-} 形式存在，四种形式转化关系如下：

$$H_2CrO_4 \longleftrightarrow H^+ + HCrO_4^- \tag{7-2}$$

$$HCrO_4^- \longleftrightarrow CrO_4^{2-} + H^+ \tag{7-3}$$

$$2HCrO_4^- \longleftrightarrow Cr_2O_7^{2-} + H_2O \tag{7-4}$$

因此，本节固定其他条件不变的情况下，以 pH 为单一变量，设置 6 组不同的 pH 来探究不同酸碱度下 Cr（Ⅵ）的吸附量的变化。

由图 7-1 可知，随着 pH 在 1～3 之间变化时，在模拟纯 Cr（Ⅵ）溶液和模拟混合废液中，Cr（Ⅵ）的吸附量随着 pH 增大均呈现增大趋势，当 pH 值为 3 时，材料在两种溶液中最大吸附量分别为 106.439 mg·g^{-1} 和 120.339 mg·g^{-1}。说明当水溶液 pH 大约为 3 时，材料表面的空腔最大限度吸附 $Cr_2O_7^{2-}$ 和 $HCrO_4^-$，吸附位点基本达到饱和状态。然而当 pH 在 3～9 之间变化时，吸附量陡然降低。这可能是因为随着溶液 pH 的升高，

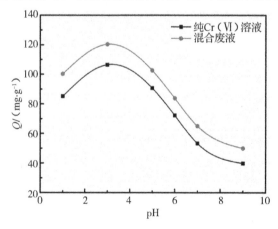

图 7-1 不同 pH 下 I-CMC-g-B-PEI 对 Cr（Ⅵ）的吸附量

质子化的空腔逐渐减少，使得静电引力也逐渐变弱，使得吸附效果变差。此外，当 pH＞6 时，Cr（Ⅵ）在溶液中主要以 CrO_4^{2-} 形式存在，—OH 与 CrO_4^{2-} 存在竞争吸附，CrO_4^{2-} 与印迹位点匹配度也受到了限制，因此吸附量出现大幅度下降现象。通过实验可知，I-CMC-g-B-PEI 在酸性和弱酸性环境的吸附性能相比于在碱性环境中显著，当 pH 继续增大形成强碱环境时，I-CMC-g-B-PEI 的吸附性能减弱，主要原因在于静电引力变化。

7.4.2　吸附动力学

固定时间以外的其他条件，研究时间变化对 Cr（Ⅵ）吸附量的影响，图 7-2 展示了吸附时间与 Cr（Ⅵ）吸附量之间的关系。

从图 7-2 可以看出，前 30 min 内，无论材料是在纯溶液还是混合废液中，吸附速率都呈现快速增长趋势，并且吸附量基本都可以达到饱和状态下吸附量的 75％以上，此段时间内吸附位点数量未被全部利用。随着时间逐渐延长，吸附量增长速率逐渐缓慢，160 min 后趋于吸附平衡状态，此时在模拟纯 Cr（Ⅵ）溶液中的饱和吸附量为 108.654 mg·g^{-1}，在模拟混合废液中的饱和吸附量为 126.458 mg·g^{-1}。对比可以发现，I-CMC-g-B-PEI 在模拟纯 Cr（Ⅵ）溶液的吸附量小于在模拟混合废液的吸附量，可能因为混合废液中其他离子可以削弱静电斥力使得吸附量有效提高。

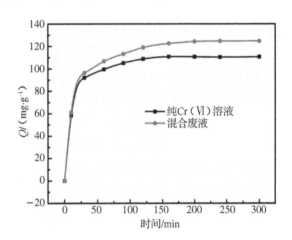

图 7-2　不同吸附时间与 Cr（Ⅵ）吸附量之间的关系

动力学模型可以更深入研究材料吸附行为，拟采用准一级和准二级吸附动力学模型探讨 I-CMC-g-B-PEI 对 Cr（Ⅵ）的吸附动力学特征。

（1）Lagergren 准一级吸附动力学模型，公式如下：

$$\log(q_e - q_t) = \log q_e - k_1 t \tag{7-5}$$

以 t 为横坐标，$\log(q_e - q_t)$ 为纵坐标作线性直线图，q_e 通过该线形图的纵轴截距求出，k_1 通过该线形图的斜率求出。

（2）McKay 准二级吸附动力学模型，公式如下：

$$\frac{t}{q_t} = \frac{1}{k_2 q_e^2} + \frac{t}{q_e} \tag{7-6}$$

以 t 为横坐标，t/q_t 为纵坐标作线性直线图，q_e 通过该线形图的斜率求出，k_2 通过该线形图的纵轴截距求出。

式（7-5）（7-6）中：k_1 为准一级反应速率常数，$1 \cdot min^{-1}$；

$\quad\quad\quad\quad\quad k_2$ 为准二级反应速率常数，$g \cdot mg^{-1} \cdot min^{-1}$；

$\quad\quad\quad\quad\quad t$ 为吸附时间，min；

$\quad\quad\quad\quad\quad q_t$ 为 t 时刻的吸附量，$mg \cdot g^{-1}$；

$\quad\quad\quad\quad\quad q_e$ 为吸附平衡时的吸附量，$mg \cdot g^{-1}$。

图 7-3 为 I-CMC-g-B-PEI 对纯 Cr（Ⅵ）溶液和混合废液的准一级和准二级吸附速率回归方程。

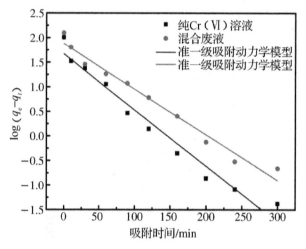

（a）准一级吸附动力学方程

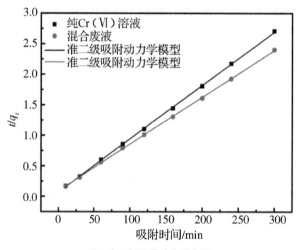

（b）准二级吸附动力学方程

图 7-3　I-CMC-g-B-PEI 对纯 Cr（Ⅵ）溶液和混合废液的准一级和准二级吸附速率回归方程

I-CMC-g-B-PEI 吸附 Cr（Ⅵ）的动力学拟合参数如表 7-3 所示，I-CMC-g-B-PEI 的准二级吸附动力学相关参数 R^2（0.999 和 0.999）比准一级吸附动力学相关参数 R^2（0.963 和 0.975）更大且更接近于 1。因此认为，准二级吸附动力学模型对此吸附过程拟合程度更好，证明 I-CMC-g-B-PEI 对 Cr（Ⅵ）吸附过程主要由化学反应来控制。

表 7-3 I-CMC-g-B-PEI 吸附 Cr（Ⅵ）的动力学拟合参数

吸附质溶液	$q_{实验值}$ / $(mg \cdot g^{-1})$	准一级吸附动力学			准二级吸附动力学		
		$q_{计算值}$ / $(mg \cdot g^{-1})$	k_1 / min^{-1}	R^2	$q_{计算值}$ / $(mg \cdot g^{-1})$	k_2 / $(g \cdot mg^{-1} \cdot min^{-1})$	R^2
纯 Cr（Ⅵ）溶液	108	116.09	0.0114	0.963	114.29	0.001 14	0.999
混合废液	126	129.01	0.009 3	0.975	130.38	0.000 66	0.999

利用半饱和时间来进一步探究材料的吸附速率，已知半饱和吸附公式为 $t_{1/2} = 1/k_2 q_e$，将所得数据代入，可得 I-CMC-g-B-PEI 在模拟纯 Cr（Ⅵ）溶液和模拟混合废液的半饱和吸附时间 $t_{1/2}$ 分别为 8.12 min 和 12.03 min，说明 I-CMC-g-B-PEI 能够利用相对较短的时间实现半饱和状态。对比其他文献报道的 Cr（Ⅵ）吸附材料对铬离子的半饱和吸附时间和吸附量（表 7-4），可以发现本研究所制备的 I-CMC-g-B-PEI 因其多胺接枝含有大量氨基基团和多孔结构，在吸附性能上具有很大优势。

表 7-4 文献报道 Cr（Ⅵ）吸附材料的半饱和吸附时间和吸附量对比

吸附材料	形貌特征	吸附条件	$t_{1/2}$ /min	吸附量/ $(mg \cdot g^{-1})$
Quaternized Poly（4-VP）（Tavengwa et al.，2013）	微球	pH=4、25℃	15	6.2
KF/PAN（Wang et al.，2013）	纤维	pH=4.5、35℃	20	44.1
MRC resin（Coskun et al.，2018）	树脂	pH=2、35℃	36	43.9
I-CMC-g-B-PEI	微球	pH=3、30℃	8.12	125.5
N-CMC-g-B-PEI	微球	pH=3、30℃	11	96.6

7.4.3 吸附等温线

固定其他条件，研究 I-CMC-g-B-PEI 在不同温度以及初始浓度下与 Cr（Ⅵ）吸附量之间的关系。

由图 7-4 可以看出，初始浓度越大，铬离子与功能基团结合碰撞几率也越大，然而当表面功能基团完全被消耗时，吸附量也逐渐达到饱和趋于平衡。另外可以发现，在纯

Cr（Ⅵ）溶液中和混合废液中，伴随着温度的升高，吸附量也在不断攀升，说明适当提高温度对吸附过程具有积极影响。

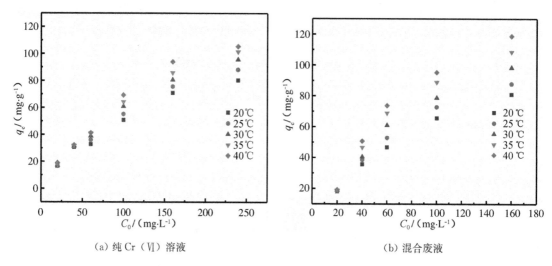

(a) 纯 Cr（Ⅵ）溶液　　　　　　　　　(b) 混合废液

图 7-4　I-CMC-g-B-PEI 对纯 Cr（Ⅵ）溶液和混合废液的吸附等温线

为了探究吸附质与吸附材料之间在吸附平衡时存在的数学关系以及热力学参数，选取三种等温吸附模型（Langmuir 等温式、Freundlich 等温式和 Temkin 等温式）。

（1）Langmuir 等温式，公式如下：

$$q_e = \frac{q_m K_L C_e}{1 + K_L C_e} \tag{7-7}$$

以 $1/C_e$ 为横坐标，$1/q_e$ 为纵坐标作线性直线图，纵轴截距为 $1/q_m$，直线斜率为 $1/q_m K_L$。

（2）Freundlich 等温式，公式如下：

$$q_e = K_F C_e^{\frac{1}{n}} \tag{7-8}$$

以 $\ln C_e$ 为横坐标，$\ln q_e$ 为纵坐标作线性直线图，纵轴截距为 $\ln K_F$，直线的斜率为 $1/n$。

（3）Temkin 等温式，公式如下：

$$q_e = B_T \ln(K_T C_e) \tag{7-9}$$

以 $\ln C_e$ 为横坐标，q_e 为纵坐标作线性直线图，纵轴截距为 $B_T \ln K_T$，直线斜率为 B_T。

式（7-7）（7-8）（7-9）中：K_L 为 Langmuir 吸附平衡常数，$L \cdot mg^{-1}$；

K_F 为 Freundlich 吸附平衡常数，$L \cdot mg^{-1}$；

K_T 为 Temkin 吸附平衡常数，$L \cdot mg^{-1}$；

C_e 为吸附平衡时吸附质在溶液中的浓度，$mol \cdot L^{-1}$；

n 为非均质系数；

q_m 为理论最大的吸附量，$mg \cdot g^{-1}$；

q_e 为吸附平衡时的吸附量，$mg \cdot g^{-1}$。

图 7-5 和 7-6 分别为 I-CMC-g-B-PEI 在模拟纯 Cr（Ⅵ）溶液和模拟混合废液中的三种等温吸附模型拟合图。由表 7-5 和表 7-6 可知，Langmuir 等温吸附模型能够更加准确评价 I-CMC-g-B-PEI 对 Cr（Ⅵ）的吸附过程，相关系数 R^2 最高且更接近于 1。此模型适用于单分子层吸附过程。已知 Langmuir 等温吸附模型的吸附平衡常数 K_L 可以决定反应进行的难易程度，由计算可知吸附平衡常数 K_L 值在 0～1 范围内，说明吸附反应容易进行。此外，随温度的升高，吸附平衡常数值 K_L 和 K_T 也逐渐增大，表明此吸附属于吸热过程，升温对反应的进行具有积极作用。

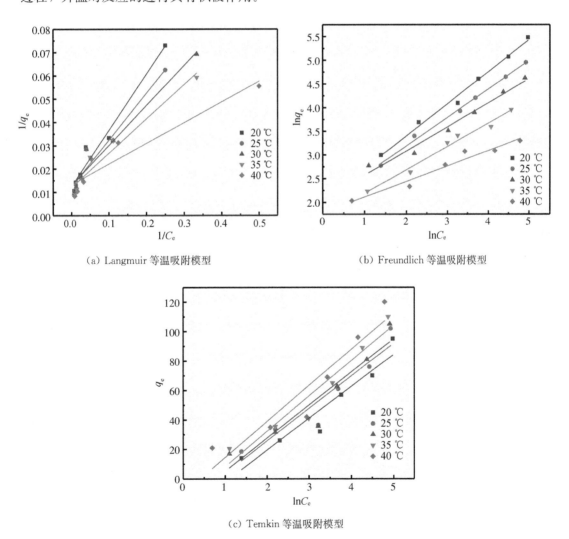

（a）Langmuir 等温吸附模型

（b）Freundlich 等温吸附模型

（c）Temkin 等温吸附模型

图 7-5　纯 Cr（Ⅵ）溶液中 I-CMC-g-B-PEI 的三种等温吸附模型线性拟合

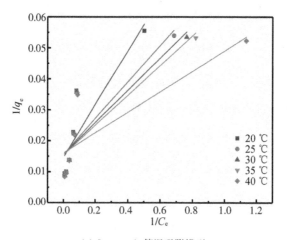

（a）Langmuir 等温吸附模型

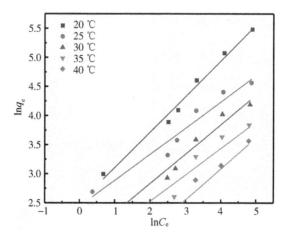

（b）Freundlich 等温吸附模型

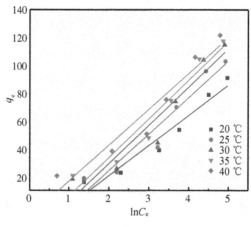

（c）Temkin 等温吸附模型

图 7-6　混合废液中 I-CMC-g-B-PEI 的三种等温吸附模型线性拟合

表 7-5　**I-CMC-g-B-PEI 在纯 Cr（Ⅵ）溶液的吸附等温拟合参数**

t /℃	Langmuir			Freundlich			Temkin		
	q_m	K_L	R^2	n	K_F	R^2	B_T	K_T	R^2
20	68.9	0.168 97	0.987	1.635 6	2.61	0.811	21.7	0.348	0.944
25	64.7	0.263 07	0.951	2.225 2	5.05	0.770	26.3	0.339	0.931
30	64.6	0.298 09	0.976	1.980 0	6.19	0.758	27.6	0.391	0.911
35	65.0	0.319 82	0.888	2.205 5	11.42	0.762	27.9	0.450	0.938
40	62.7	0.483 34	0.958	1.883 9	12.09	0.735	25.8	0.701	0.927

表 7-6　**I-CMC-g-B-PEI 在混合废液的吸附等温拟合参数**

t /℃	Langmuir			Freundlich			Temkin		
	q_m	K_L	R^2	n	K_F	R^2	B_T	K_T	R^2
20	80.6	0.051 38	0.991	1.478 0	5.97	0.968	21.6	0.334	0.911
25	81.8	0.060 70	0.996	1.665 8	5.47	0.951	22.0	0.436	0.904
30	77.6	0.074 93	0.978	1.967 0	7.88	0.956	22.4	0.465	0.890
35	83.5	0.081 22	0.981	2.032 0	7.30	0.957	24.0	0.521	0.926
40	75.6	0.148 48	0.956	3.069 9	7.75	0.907	24.5	0.666	0.886

7.4.4　吸附热力学

为了更深入研究温度对反应速率的控制以及吸附机理，选取 ΔG^0（吉布斯自由能）、ΔH^0（焓变）和 ΔS^0（熵变）三个热力学参数进行拟合分析，公式如下：

$$\Delta G^0 = -RT\ln K_0 \tag{7-10}$$

$$\ln K_0 = -\frac{\Delta H^0}{RT} + \frac{\Delta S^0}{R} \tag{7-11}$$

式中：K_0 为热力学平衡常数，$L \cdot mg^{-1}$；

　　　T 为热力学温度，K；

　　　R 为理想气体常数，$R = 8.314\ J \cdot mol^{-1} \cdot K^{-1}$。

以 q_e 为横坐标，$\ln(q_e/C_e)$ 为纵坐标作线性直线图，拟合后可得纵轴截距为 $\ln K_0$，

以 $1/T$ 为横坐标，$\ln K_0$ 为纵坐标作线性直线图，拟合后可得直线斜率即为 $-\dfrac{\Delta H^0}{R}$，将所

得数据代回式（7-11），即可求出 ΔS^0。

I-CMC-g-B-PEI 在纯 Cr（Ⅵ）溶液和混合废液中吸附效果线性拟合后如图 7-7 和图 7-8 所示，拟合后所求得的热力学参数见表 7-7。

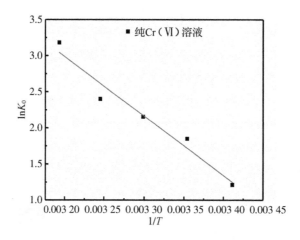

图7-7　纯 Cr（Ⅵ）溶液中 I-CMC-g-B-PEI 的吸附热力学线性拟合

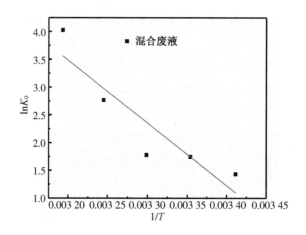

图7-8　混合废液中 I-CMC-g-B-PEI 的吸附热力学线性拟合

由图可知，在两种溶液中吸附量随着温度的升高均有所增大，ΔG^0 值在不同温度条件下均小于 0，ΔG^0 决定着吸附驱动力，说明 I-CMC-g-B-PEI 对 Cr（Ⅵ）的吸附过程是自发的。I-CMC-g-B-PEI 在纯 Cr（Ⅵ）溶液和混合废液中的 $\Delta H^0 > 0$，表示此吸附是吸热过程，与上述吸附等温线结论一致。此外，ΔH^0 也可反映材料和 Cr（Ⅵ）分子间作用力情况，ΔH^0 是不同部分焓变的总和。接枝反应后，活化能有所增加，导致吸热总量高于放热总量，所以 I-CMC-g-B-PEI 吸附 Cr（Ⅵ）属于吸热反应。由表 7-7 可以发现，材料在混合废液中对应的 ΔH^0 更大，说明相较于纯溶液，材料在混合废液中对吸附温度更加敏感，与吸附等温线结论一致。ΔS^0 均大于 0，说明反应杂乱无章，可能是因为水合阴离子在交换过程中释放出结合水，分子无序运动，导致吸附体系熵的增加。

表 7-7 I-CMC-g-B-PEI 对 Cr（Ⅵ）的热力学参数

溶液	t /℃	$\ln K_0$	ΔG^0 / (kJ·mol^{-1})	ΔH^0 / (kJ·mol^{-1})	ΔS^0 / (kJ·mol^{-1}·K^{-1})
纯 Cr（Ⅵ）溶液	20	1.214	−2.960		0.244
	25	1.849	−4.584		0.245
	30	2.156	−5.434	68.466	0.244
	35	2.402	−6.154		0.242
	40	3.183	−8.286		0.245
混合废液	20	1.433	−3.492		0.245
	25	1.745	−4.326		0.244
	30	1.780	−4.486	93.080	0.241
	35	2.765	−7.084		0.245
	40	4.025	−10.479		0.252

7.4.5 干扰离子对选择性的影响

目前常用的化学沉淀法无法区分不同金属离子，只能使两种或多种金属离子共同沉淀，然而共同沉淀后的多种金属离子难以区分回收利用。因此，研究制备出的 I-CMC-g-B-PEI 对 Cr（Ⅵ）的吸附选择性十分重要。

通过 $Q_{混合}$ 与 $Q_{单一}$ 的比值表示 I-CMC-g-B-PEI 对 Cr（Ⅵ）的选择性，实验每组重复 2 次（相对误差≤5%），最终实验结果取平均值。

表 7-8 为 CTS、I-CMC-g-B-PEI 和 N-CMC-g-B-PEI 在混合废液 [Cr（Ⅵ）100 mg·L^{-1}、SO$_4^{2-}$ 40 mg·L^{-1}、Cr（Ⅲ）40 mg·L^{-1}、Ni^{2+} 40 mg·L^{-1}、PO$_4^{3-}$ 40 mg·L^{-1}] 中对 Cr（Ⅵ）的选择吸附性。结果表明，所制备的 I-CMC-g-B-PEI 的选择性优异，说明该合成材料具有较为明显的 Cr（Ⅵ）选择性。而相对于文献中的印迹 CTS [Cr（Ⅵ）吸附量 41.9 mg·g^{-1}]，在交联度一致的条件下，I-CMC-g-B-PEI 的选择性虽然无明显提升，但总的 Cr（Ⅵ）吸附量达到 109 mg·g^{-1}，相比提升了 160%，具有一定的应用价值。

表 7-8 CTS、I-CMC-g-B-PEI 和 N-CMC-g-B-PEI 在混合废液中对 Cr（Ⅵ）的吸附选择性

吸附材料	CTS	非印迹 CTS	印迹 CTS（交联度 83.4%）	I-CMC-g-B-PEI	N-CMC-g-B-PEI
$Q_{混合}/Q_{单一}$	1.05	1.02	1.33	1.34	1.08

此外，设置不同双组分离子（金属阳离子、阴离子、表面活性剂等）溶液来研究 I-CMC-g-B-PEI 在不同离子干扰下对 Cr（Ⅵ）的吸附选择性，结果如图 7-9 所示。

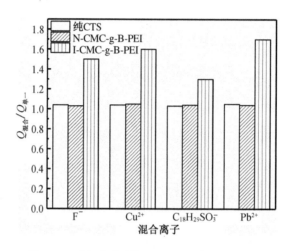

图 7-9 双组分溶液中 Cr（Ⅵ）的吸附选择性

由图可知，在不同的 4 组双组分离子混合废液中，I-CMC-g-B-PEI 对 Cr（Ⅵ）的吸附选择性均有良好效果，且选择性均有大幅度提高，大约提高了 30%。说明离子印迹改性后材料在不同溶液中也能快速高效识别出 Cr（Ⅵ），并且发现相对于阴离子，阳离子作为共存离子时 I-CMC-g-B-PEI 对 Cr（Ⅵ）的吸附选择性更高。

7.4.6 交联度对选择性的影响

固定其他条件，以印迹过程中 ECH 为单一变量来控制离子印迹聚合物的交联度，探究交联度如何影响吸附选择性。

图 7-10 是 I-CMC-g-B-PEI 在不同吸附质溶液［①纯 Cr（Ⅵ）溶液，100 mg·L^{-1}；②混合废液（各组分离子浓度与模拟含 Cr（Ⅵ）工业电镀废水相同）］中 Cr（Ⅵ）吸附量与交联度的关系。结果表明，在两种吸附质溶液中，吸附量与交联度之间关系大致相同。交联度在 50%~60% 之间时可能是因为交联度较小，分子链端活动较为自由，部分功能基团未能相互协同对 Cr（Ⅵ）进行固定形成配位；而交联到一定程度后进一步的增

大势必会消耗更多的—NH₂，导致吸附量减小。

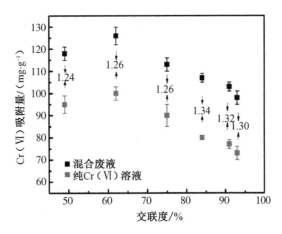

图 7-10　交联度对 Cr（Ⅵ）吸附量的影响

从图 7-10 还可以看出，交联度增大的同时，离子选择性也呈现动态变化，但与吸附量大小的趋势不同，当交联度达到 84% 时，尽管 Cr（Ⅵ）吸附量未达到最高值，但选择性比值达到最大值为 1.34，此时 I-CMC-g-B-PEI 的 Cr（Ⅵ）选择性最好。因此本研究中，在优化"制备-结构-性能"关系下，I-CMC-g-B-PEI 交联度为 84%，此时对 Cr（Ⅵ）的吸附选择性最佳。

此外，发现吸附材料的 $Q_{混合}$/$Q_{单一}$ 值均大于 1，表明添加了共存干扰离子有助于对目标离子 Cr（Ⅵ）的吸附，说明吸附质与吸附剂间存在配位键作用且不存在水分子。同时，共存干扰离子（电解质）能削减阴离子之间产生的静电斥力，使得吸附顺利进行。pH 漂移曲线和零点电位（PZC）可以用来验证上述原理，如图 7-11 所示，可以发现，I-CMC-

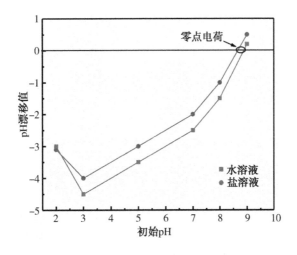

图 7-11　离子强度对 pH 漂移曲线

g-B-PEI 的 PZC 和 pH 漂移曲线均随着离子强度的增大向低 pH 值方向移动，这是因为大量的 H^+ 与功能基团结合后使其带上正电荷，且生成了内层络合物使得材料对 Cr（Ⅵ）的吸附更加便利。

7.4.7 吸附机理研究

为了更进一步探究 I-CMC-g-B-PEI 对重金属的吸附机理，通过 XPS 测试对吸附后的 I-CMC-g-B-PEI 进行表征，结果如图 7-12 所示。

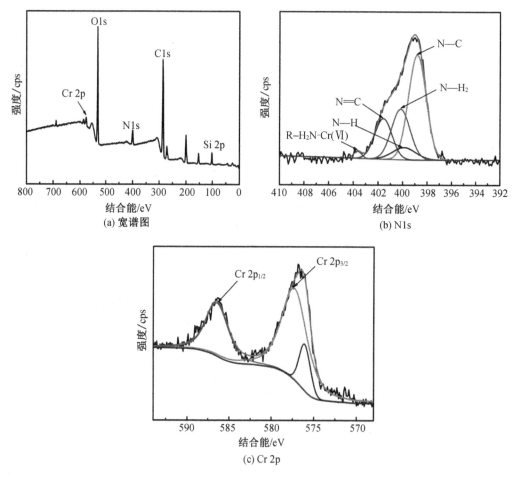

图 7-12　I-CMC-g-B-PEI 吸附后的 X 射线光电子能谱图

图 7-12（a）为吸附后的宽谱图，图中出现了 Cr 2p 的特征峰。图（b）为吸附后 N1s 谱图，其中 401.0 eV、399.8 eV、401.2 eV、402.6 eV，分别为 N—H、N—C、N—H₂、N=C 的结合能，相比于未吸附 Cr（Ⅵ）的 I-CMC-g-B-PEI，结合能位置发生了轻微的增大，同时在 404.7 eV 位置处出现了新的特征峰，主要是由于—NH₂ 和 Cr（Ⅵ）的络合

物 R-H₂N-Cr（Ⅵ）中 N 原子引起的特征峰。金属离子配位作用发生后，N 与 Cr（Ⅵ）离子共用电子对，N 的外层电子对因此也出现偏移，周边电子云密度变小，使得出现了新的特征峰现象。图（c）为 Cr 2p 谱图，其中 Cr 2p$_{3/2}$ 峰由 578.4 eV 和 577.2 eV 组成，说明在吸附的过程中，有部分的 Cr（Ⅵ）还原成了 Cr（Ⅲ）。材料表面具有丰富的官能团和活性位点，其上含 N 功能基团积极参与了吸附过程。

7.5　结论

本章主要研究了 I-CMC-g-B-PEI 对 Cr（Ⅵ）的吸附特性，并通过多种吸附模型分析了过程中的吸附行为。同时，研究了干扰离子对选择性的影响，得到以下结论：

（1）pH 对 I-CMC-g-B-PEI 在纯 Cr（Ⅵ）溶液和混合废液中的吸附量均有重要影响，调节溶液 pH 至 3 时，I-CMC-g-B-PEI 在纯 Cr（Ⅵ）溶液和混合废液中的 Cr（Ⅵ）的吸附量最大可到达 106.439 mg·g^{-1} 和 120.339 mg·g^{-1}，吸附量在 pH 超过 3 之后随着溶液酸性减弱而急剧减小。

（2）对材料进行吸附动力学研究，结果表明，I-CMC-g-B-PEI 对 Cr（Ⅵ）的吸附在 160 min 后趋于吸附平衡，此时在模拟纯 Cr（Ⅵ）溶液中对 Cr（Ⅵ）饱和吸附量约为 108.654 mg·g^{-1}，在模拟混合废液中对 Cr（Ⅵ）的饱和吸附量约为 126.458 mg·g^{-1}。准二级吸附动力学模型 R^2 更加接近于 1，说明吸附行为更符合此模型，化学吸附占据主导作用；在纯 Cr（Ⅵ）溶液和混合废液中的半饱和吸附时间 $t_{1/2}$ 分别为 8.12 min 和 12.03 min。

（3）对材料进行吸附等温线研究，发现 I-CMC-g-B-PEI 吸附过程与 Langmuir 等温吸附模型更加吻合。Langmuir 等温吸附模型的吸附平衡常数 K_L 随温度的升高而逐渐增大，说明升温对反应的进行有良性影响，此反应是吸热反应。

（4）对材料进行吸附热力学分析表明，不同溶液中，I-CMC-g-B-PEI 的热力学参数 ΔH^0 和 ΔS^0 均大于 0，此反应是吸热反应，佐证了吸附等温线结论。$\Delta S^0 > 0$ 说明反应体系混乱无章。$\Delta G^0 < 0$，表明此吸附反应是自发的且容易进行。

（5）干扰离子对吸附选择性研究表明，在 4 组不同性质的双组分离子干扰下对 Cr（Ⅵ）的选择性均有良好效果且选择性均有大幅度提高，大约提高了 30%。

（6）I-CMC-g-B-PEI 对 Cr（Ⅵ）的吸附选择性与交联度有关，选择性比值在交联度为 84% 时达到最大，数值为 1.34，此时 Cr（Ⅵ）选择性最好。

参考文献

蔡伟成,郭牧林,2021.壳聚糖基印迹水凝微球对 Cr(Ⅵ)的选择性吸附研究[J].水利水运工程学报,(2):130-137.

蔡照胜,杨春生,王锦堂,等,2005.季铵化壳聚糖及其絮凝六价铬性能的研究[J].工业用水与废水,36(2):63-65.

陈晟颖,厉威,郑颖韩,等,2012.新型电渗析器间歇处理水中 Cr(Ⅵ)的研究[J].浙江大学学报(理学版),39(1):81-84.

陈忠林,李金春子,沈吉敏,等,2015.零价铁对水中六价铬还原性能及沉淀污泥中铬的固定化[J].环境工程学报,9(9):4345-4352.

程抱奎,戚春江,方颂平,等,2018.Fe@γ-Al₂O₃ 一维杂化纳米结构还原水中 Cr(Ⅵ)研究[J].水处理技术,44(1):17-20.

池伟林,2007.壳聚糖季铵盐的合成及应用研究[D].武汉:华中师范大学.

第一次全国污染源普查资料编纂委员会,2011.污染源普查公报与大事记[M].北京:中国环境科学出版社.

董璟琦,张红振,王金南,等,2015.龙江河突发环境事件河流镉污染化学形态模拟[J].中国环境科学,35(10):3046-3052.

杜凤龄,2015.螯合—絮凝剂二硫代羧基化壳聚糖的制备及其捕集重金属性能研究[D].兰州:兰州交通大学.

杜予民,2000.甲壳素研究进展与应用[J].精细与专用化学品,8(14):3-6.

傅骏青,王晓艳,李金花,等,2016.重金属离子印迹技术[J].化学进展,28(1):83-90.

郭楠,田义文,2013.中国环境公益诉讼的实践障碍及完善措施:从云南曲靖市铬污染事件谈起[J].环境污染与防治,35(1):96-99.

国家环境保护局.水质 六价铬的测定 二苯碳酰二肼分光光度法:GB 7467—1987[S].北京:中国标准出版社,1987.

国家环境保护总局.污水综合排放标准:GB 8978—1996[S].北京:中国标准出版社,1998.

侯明,刘振国,2006.接枝壳聚糖对铅、镉吸附行为研究及应用[J].分析试验室,25(10):1-6.

胡海东,王雅珍,马立群,等,2004.丙烯腈溶液接枝聚丙烯的研究[J].齐齐哈尔大学学报(自然科学版),20(3):10-12.

胡希伟,2006.等离子体理论基础[M].北京:北京大学出版社.

黄景莹,2011.改性熔喷聚丙烯非织造布的制备和性能研究[D].上海:东华大学.

黄玉洁,2012.粉煤灰和人造沸石吸附处理含铬(Ⅵ)地下水的实验研究[D].北京:中国地质大学.

黄玉梅,2017.改性沸石制备及对其铬吸附特性的研究[J].硅酸盐通报,36(1):205-209.

贾荣仙,闫芳,2018.新型壳聚糖交联改性物的制备及其性能研究[J].化工新型材料,46(1):169-171.

柯勇,2014.悬浮接枝共聚改性聚乙烯醇纤维的制备及应用[D].西安:陕西科技大学.

李富兰,王蓉,梁晓峰,2016.羧基化壳聚糖的合成及对重金属的吸附研究[J].安徽师范大学学报(自然科学版),39(5):445-448.

李航彬,钱波,黄聪聪,等,2014.钡盐沉淀法处理六价铬电镀废水[J].电镀与涂饰,33(9):391-395.

刘斌,孙向英,徐金瑞,2003.改性壳聚糖絮凝螯合及释放 Cu^{2+} 的性能研究[J].华侨大学学报(自然科学版),24(4):364-368.

刘太闯,靳玲,徐冬梅,等,2015.固相接枝法制备高熔体强度聚丙烯的研究[J].工程塑料应用,43(12):35-38.

刘洋,2010.射频等离子体改性聚合物润湿及粘接性能研究[D].大连:大连理工大学.

吕晓华,2019.改性壳聚糖基离子印迹复合吸附材料的制备及性能研究[D].乌鲁木齐:新疆大学.

倪慧,代立波,周冬菊,等,2013.PPS基叔胺离子交换纤维制备对 Cr(Ⅵ)选择性吸附研究[J].离子交换与吸附,29(4):306-313.

潘祖仁,1997.高分子化学[M].2版.北京:化学工业出版社.

任月明,2007.铜离子印迹磁性生物吸附材料的制备及性能研究[D].哈尔滨:哈尔滨工程大学.

阮子宁,刘强,姚金水,等,2015.Cr(Ⅵ)吸附剂研究进展[J].化学通报,78(3):201-212.

邵禹通,程思怡,周峰,等,2016.辐照接枝法制备增韧剂对聚丙烯结构与性能的影响[J].高分子材料科学与工程,32(4):58-62.

唐星华,2008.壳聚糖交联接枝改性及性能研究[D].长沙:湖南大学.

王鉴,李杨,祝宝东,等,2015.BMA 协助 MAH 熔融接枝改性聚丙烯[J].塑料工业,43(4):5-9.

王涎桦,2012.功能化环丙氨嗪分子印迹聚合物的制备、表征和应用[D].天津:天津大学.

韦良强,孙静,杨显竹,等,2016.超声功率对 PP 熔融接枝 GMA 性能的影响[J].塑料工业,44(8):84-86.

魏无际,俞强,崔益华,2005.高分子化学与物理基础[M].北京:化学工业出版社.

肖轲,徐夫元,降林华,等,2015.离子交换法处理含 Cr(Ⅵ)废水研究进展[J].水处理技术,41(6):6-11.

徐天生,欧杰,马晨晨,2015. 微生物还原 Cr(Ⅵ)的机理研究进展[J]. 环境工程,33(1):32-36.

许可,2019. 壳聚糖微球的制备,改性及应用研究[D]. 武汉:武汉科技大学.

袁文,尹学琼,贺永宁,等,2007. 壳聚糖羧基化的研究进展[J]. 化学试剂,29(5):277-280.

曾涵,刘丛,郁倩,2009. 壳聚糖-g-N-羧甲基-二(2-苯并咪唑)-1,2-乙二醇的制备及其性能[J]. 天然产物研究与开发,(5):826-831.

张娜,2016. 海洋细菌 *Pseudoalteromonas* sp. 对六价铬的还原性能研究[D]. 济南:山东大学.

赵丹,2017. 悬浮接枝法制备抗冲聚丙烯的研究[D]. 北京:北京化工大学.

中华人民共和国国家统计局,2023. 中国统计年鉴 2022[M]. 北京:中国统计出版社.

中华人民共和国国务院,2015. 水污染防治行动计划[Z]. 北京:国务院.

中华人民共和国国务院,2016. 土壤污染防治行动计划[Z]. 北京:国务院.

中华人民共和国国务院,2017. 中华人民共和国水污染防治法[Z]. 北京:国务院.

中华人民共和国环境保护部,2011. 重金属污染综合防治"十二五"规划[Z]. 北京:环境保护部.

钟常明,王有贤,邓书妍,等,2015. 络合-超滤脱除稀土永磁材料生产废水中六价铬的研究[J]. 江西理工大学学报,36(1):7-11.

周利民,王一平,刘崎嵘,等,2007. Fe_3O_4/改性壳聚糖磁性微球对 Hg^{2+} 和 UO_2^{2+} 的吸附[J]. 核技术,30(9):768-772.

周清,杨浦东,魏无际,等,2015. 悬浮接枝法制备 PP-g-MAH 纤维及其对水中铜离子的吸附性能[J]. 化工新型材料,43(8):240-243.

周耀珍,2014. 交联与接枝改性壳聚糖的制备及吸附性能研究[D]. 南京:南京林业大学.

朱贝贝,姚春才,周耀珍,2013. 交联改性壳聚糖的制备及其对 Ni^{2+} 的吸附性能[J]. 环境科技,26(2):14-16.

祝宝东,王鉴,冉玉霞,2009. 聚丙烯水相悬浮接枝双单体苯乙烯和马来酸酐[J]. 现代塑料加工应用,21(5):9-11.

AIGBE U O, DAS R, HO W H, et al, 2018. A novel method for removal of Cr(Ⅵ) using polypyrrole magnetic nanocomposite in the presence of unsteady magnetic fields [J]. Separation and purification technology, 194:377-387.

AKHAVAN B, JARVIS K, MAJEWSKI P, 2014. Development of oxidized sulfur polymer films through a combination of plasma polymerization and oxidative plasma treatment [J]. Langmuir, 30 (5):1444-1454.

AKHAVAN B, JARVIS K, MAJEWSKI P, 2015. Plasma polymer-functionalized silica particles for heavy metals removal[J]. ACS Applied materials & interfaces,7(7):4265-4274.

AKHAVAN B, JARVIS K, MAJEWSKI P, 2013. Tuning the hydrophobicity of plasma polymer coated silica particles[J]. Powder technology,249:403-411.

ANDERSSON L, SELLERGREN B, MOSBACH K, 1984. Imprinting of amino acid derivatives in macroporous polymers[J]. Tetrahedron letters,25(45): 5211-5214.

BARAKA A, HALL P J, HESLOP M J, 2007. Preparation and characterization of melamine-formaldehyde-DTPA chelating resin and its use as an adsorbent for heavy metals removal from wastewater[J]. Reactive and functional polymers, 67(7): 585-600.

BAYRAMOGLU G, ARICA N Y, 2011. Synthesis of Cr(Ⅵ)-imprinted poly(4-vinyl pyridine-co-hydroxyethyl methacrylate) particles: its adsorption propensity to Cr(Ⅵ)[J]. Journal of hazardous materials,187: 213-221.

BUICA G O, BUCHER C, MOUTET J C, et al,2009. Voltammetric sensing of mercury and copper cations at poly(EDTA-like) film modified electrode[J]. Electroanalysis, 21 (1): 77-86.

CAO Z Y, GE H C, LAI S L,2001. Studies on synthesis and adsorption properties of chitosan cross-linked by glutaraldehyde and Cu(Ⅱ) as template under microwave irradiation[J]. European Polymer Journal,37(10):2141-2143.

CERESANA,2018. Market Study: Polypropylene[M]. 4th ed. Germany: CERESANA.

CHANG Q, WEI B G, HE Y D, 2009. Capillary pressure method for measuring lipophilic hydrophilic ratio of filter media[J]. Chemical engineering journal,150(2/3): 323-327.

COSKUN R, ER E, DELIBAS A,2018. Synthesis of novel resin containing carbamothiolylimidamide group and application for Cr(Ⅵ) removal[J]. Polymer bulletin,75(3): 963-983.

DAKOVA I, YORDANOVA T, KARADJOVA I, 2012. Non-chromatographic mercury speciation and determination in wine by new core-shell ion-imprinted sorbents[J]. Journal of hazardous materials, 231/232: 49-56.

DANWANICHAKUL P, DECHOJARASRRI D, MEESUMRIT S, et al, 2008. Influence of sulfur-crosslinking in vulcanized rubber chips on mercury(Ⅱ) removal from contaminated water[J]. Journal of hazardous materials,154(1-3):1-8.

DE VOS C, VANDENCASTEELE N, KAKAROGLOU A, et al,2013. Plasma polymerization of a saturated branched hydrocarbon: the case of heptamethylnonane[J]. Plasma processes and Polymers,10: 51-59.

DEMIRBAS A, 2005. Adsorption of Cr(Ⅲ) and Cr(Ⅵ) ions from aqueous solutions on to modified lignin[J]. Energy sources,27: 1449-1455.

DHAL B, THATOI H N, DAS N N, et al, 2013. Chemical and microbial remediation of hexavalent chromium from contaminated soil and mining/metallurgical solid waste: a review [J]. Journal of hazardous materials,250/251: 272-291.

DICKEY F H, 1949. The preparation of specific adsorbents[J]. Proceedings of the National Academy of Sciences of USA,35(5): 227-229.

DINKER M K, KULKARNI P S, 2015. Recent advances in silica-based materials for the removal of hexavalent chromium: a review[J]. Journal of chemical and engineering data, 60: 2521-2540.

ELWAKEEL K Z, ATIA A A, DONIA A M, 2009. Removal of Mo(Ⅵ) as oxoanions from aqueous solutions using chemically modified magnetic chitosan resins[J]. Hydrometallurgy, 97(1/2):21-28.

ETEMADI M, SAMADI S, YAZD S S, et al, 2017. Selective adsorption of Cr(Ⅵ) ions from aqueous solutions using Cr^{6+}-imprinted Pebax/chitosan/GO/APTES nanofibrous adsorbent [J]. International journal of biological macromolecules,95: 725-733.

FANG J, GU Z M, GANG D C, et al. Cr(Ⅵ) removal from aqueous solution by activated carbon coated with quaternized poly (4-vinylpyridine) [J]. Environmental science & technology, 2007, 41(13): 4748-4753.

FEI Y, WU Y Q, LI X M, et al, 2012. Kinetic and thermodynamic studies of toluene, ethylbenzene, and m — xylene adsorption from aqueous solutions onto KOH-activated multiwalled carbon nanotubes [J]. Journal of agricultural and food chemistry, 60 (50): 12245-12253.

FREUNDLICH H, 1907. Über die adsorption in lösungen[J]. Zeitschrift für physikalische chemie, 57: 385-470.

FRITZ W, SCHLUENDER E U, 1974. Simultaneous adsorption equilibria of organic solutes in dilute aqueous solutions on activated carbon[J]. Chemical engineering science, 29 (5): 1279-1282.

FU J Q, CHEN L X, LI J H, et al, 2015. Current status and challenges of ion imprinting[J]. Journal of materials chemistry A, 3: 13598-13627.

GAIKWAD M S, BALOMAJUMDER C, 2017. Simultaneous rejection of fluoride and Cr(Ⅵ) from synthetic fluoride-Cr(Ⅵ) binary water system by polyamide flat sheet reverse osmosis membrane and prediction of membrane performance by CFSK and CFSD models[J]. Journal of molecular liquids, 234: 194-200.

GAO X L, CHEN C R, 2012. Heavy metal pollution status in surface sediments of the coastal Bohai Bay[J]. Water research, 46(6): 1901-1911.

GARCIA J L, ASADINEZHAD A, PACHENIK J, et al, 2010. Cell proliferation of HaCaT keratinocytes on collagen films modified by argon plasma treatment[J]. Molecules, 15(4): 2845-2856.

GONZALEZ A R, NDUNG'U K, FLEGAL A R, 2005. Natural occurrence of hexavalent chromium in the Aromas Red Sands Aquifer, California[J]. Environmental science and technology, 39 (15): 5505-5511.

GUO M L, LAING H X, LUO Z W, et al, 2016. Study on melt-blown processing, web structure of polypropylene nonwovens and its BTX adsorption[J]. Fibers and Polymers, 17 (2): 257-265.

HE L M, SU Y J, ZHENG Y Q, et al, 2009. Novel cyromazine imprinted polymer applied to the solid-phase extraction of melamine from feed and milk samples [J]. Journal of chromatography A, 1216: 6196-6203.

HE Q, CHANG X J, WU Q, et al, 2007. Synthesis and applications of surface-grafted Th(Ⅳ)- imprinted polymers for selective solid-phase extraction of thorium(Ⅳ)[J]. Analytica chimica acta, 605(2): 192-197.

HEGEMANN D, 2014. Plasma polymer deposition and coatings on polymers [M]// Comprehensive Materials Processing. Amsterdam: Elsevier: 201-228.

HO Y S, MCKAY G, 1999. Pseudo-second order model for sorption processes[J]. Process biochemistry, 34(5): 451-465.

HONG H Q, ZHANG H Y, JIANG S D, et al, 2013. Study on the nonisothermal crystallization kinetics of ternary-monomer solid-phase graft copolymer of polypropylene[J]. Journal of elastomers & plastics, 45(1): 15-31.

HOSHINO Y, OHASHI R C, MIURA Y, 2014. Rational design of synthetic nanoparticles with a large reversible shift of acid dissociation constants: proton imprinting in stimuli responsive nanogel particles[J]. Advanced materials, 26(22): 3718-3723.

HU Y A, LIU X P, BAI J M, et al, 2013. Assessing heavy metal pollution in the surface soils of a region that had undergone three decades of intense industrialization and urbanization[J]. Environmental science and pollution research, 20: 6150-6159.

HU J, TIAN T, XIAO Z B, 2015. Preparation of cross-linked porous starch and its adsorption for chromium (VI) in tannery wastewater[J]. Polymers for advanced technologies, 26(10): 1259-1266.

HUANG J J, ZHANG X, BAI L L, et al, 2012. Polyphenylene sulfide based anion exchange fiber: Synthesis, characterization and adsorption of Cr(Ⅵ)[J]. Journal of environmental sciences, 24(8): 1433-1438.

HUBER M, WELKER A, HELMREICH B, 2015. Critical review of heavy metal pollution of traffic area runoff: Occurrence, influencing factors, and partitioning[J]. Science of the total environment, 541: 895-919.

IM K B, HONG Y K, 2014. Development of a Melt-blown Nonwoven Filter for Medical Masks by Hydro Charging[J]. Textile science & engineering, 51(4): 186-192.

ISIAM M S, AHMED M K, RAKNUZZAMAN M, et al, 2015. Heavy metal pollution in surface water and sediment: a preliminary assessment of an urban river in a developing country[J]. Ecological indicator,48: 282-291.

JELIL R A, 2015. A review of low-temperature plasma treatment of textile materials[J]. Journal of materials science,50: 5913-5943.

JI L Y, SHI B L, 2015. A novel method for determining surface free energy of powders using Washburn's equation without calculating capillary factor and contact angle[J]. Powder technology, 271: 88-92.

JIN W, DU H, ZHENG S L, et al, 2016. Electrochemical processes for the environmental remediation of toxic Cr(Ⅵ): A review[J]. Electrochimica acta,191: 1044-1055.

JUANG R S, HOU W T, HAUNG Y C, et al, 2016. Surface hydrophilic modifications on polypropylene membranes by remote methane/oxygen mixture plasma discharges [J]. Journal of the Taiwan institute of chemical engineers,65: 420-426.

KARTHIK R, MEENAKSHI S, 2015. Removal of Cr(Ⅵ) ions by adsorption onto sodium alginate-polyaniline nanofibers[J]. International journal of biological macromolecules,72: 711-717.

KHAJEH M, YAMINI Y, GHASEMI E,et al, 2007. Imprinted polymer particles for selenium uptake: Synthesis, characterization and analytical applications[J]. Analytica chimica acta, 581(2): 208-213.

KOJIMA K, YOSHIKUNI M, SUZUKI T, 1979. Tributylborane-initiated grafting of methyl methacrylate onto chitin[J]. Journal of Applied Polymer Science,24(7):1587-1593.

KONG D L, ZHANG F, WANG K Y, et al, 2014. Fast removal of Cr(Ⅵ) from aqueous solution using Cr(Ⅵ)-imprinted polymer particles[J]. Industrial & engineering chemistry research, 53(11): 4434-4441.

KONG Z Y, WU X Q, WEI J F, et al,2016. Preparation and characterization of hydrophilicity fibers based on 2-(dimethyamino) ethyl mathacrylate grafted polypropylene by UV-irradiation for removal of Cr(Ⅵ) and as(V)[J]. Journal of polymer research,23(9): 199-207.

KOTAS J, STASICKA Z, 2000. Chromium occurrence in the environment and methods of its speciation[J]. Environmental pollution,107(3): 263-283.

KUMAR P S, YASHWANTHRAJ M,2017. Sequestration of toxic Cr(Ⅵ) ions from industrial wastewater using waste biomass: a review[J]. Desalination & water treatment,68: 245-266.

LAGERGREN S, 1898. About the theory of so-called adsorption of soluble substances[J].

Kungliga svenska vetenskapsakademiens handlingar,24(4): 1-39.

LANGMUIR I, 1918. The adsorption of gases on plane surfaces of glass, mica and platinum[J]. Journal of American chemical society 40(9): 1361-1403.

LEAVITT R P, 1982. On the role of certain rotational invariants in crystal-field theory[J]. Journal of chemical physics,77(4): 1661-1663.

LI F, LI J, ZHANG S S, 2008. Molecularly imprinted polymer grafted on polysaccharide microsphere surface by the sol-gel process for protein recognition[J]. Talanta, 74(5): 1247-1255.

LI J P, LIN Q Y, ZHANG X H, et al, 2009. Kinetic parameters and mechanisms of batch biosorption of Cr(VI) and Cr(III) onto leersia hexandra swartz biomass[J]. Journal of colloid and interface science, 333: 71-77.

LI Z, MA Y H, YANG W T, 2013. A Facile, Green, Versatile Protocol to Prepare polypropylene-g- poly(methyl methacrylate) copolymer by water-solid phase suspension grafting polymerization using the surface of reactor granule technology polypropylene granules as reactionloci[J]. Textile science and engineering, 129(6): 3170-3177.

LI Z, WANG L, MA Y H, et al,2015. A facile method to prepare polypropylene/poly(butyl acrylate) alloy via water-solid phase suspension grafting polymerization[J]. Chinese chemical letters,26: 1351-1354.

LIU H, KONG D L, SUN W, et al, 2016. Effect of anions on the polymerization and adsorption processes of Cu(II) ion-imprinted polymers[J]. Chemical engineering journal, 303: 348-358.

LUO X B, ZHONG W P, LUO J M, et al, 2017. Lithium ion-imprinted polymers with hydrophilic PHEMA polymer brushes: the role of grafting density in anti-interference and anti-blockage in wastewater[J]. Journal of colloid and interface science, 492: 146-156.

MAITY J, RAY S K, 2018. Removal of Pb(II) from water using a bio-composite adsorbent-A systematic approach of optimizing synthesis and process parameters by response surface methodology[J]. Journal of environmental management, 209: 112-125.

MATTHEWS S R, HWANG Y J, MCCORD M G, et al,2004. Investigation into etching mechanism of polyethylene terephthalate (PET) films treated in helium and oxygenated-helium atmospheric plasmas[J]. Journal of applied polymer science,94(6): 2383-2389.

MEIJA J, COPLEN T B, BERGLUND M, et al, 2015. Atomic weights of the elements 2013 (IUPAC Technical Report)[J]. Pure and applied chemistry, 88(3): 265-291.

MIRETZKY P, CIRELLI A F, 2010. Cr(VI) and Cr(III) removal from aqueous solution by raw and modified lignocellulosic materials: a review[J]. Journal of hazardous materials, 180

(1/2/3)：1-19.

MIRETZKY P, CIRELLI A F, 2009. Hg（Ⅱ）removal from water by chitosan and chitosan derivatives：a review[J]. Journal of Hazardous Materials, 167(1/2/3)：10-23.

MOHAMMED A S, KAPRI A, GOEL R, 2011. Heavy Metal Pollution：Source, Impact, and Remedies[M]. Germany：Springer.

MOHAN D, PITTMAN C U, 2006. Activated carbons and low cost adsorbents for reme-diation of tri- and hexavalent chromium from water[J]. Journal of hazardous materials, 137：762-811.

MOJARRAD M, NOROOZI A, ZEINIVAND A, et al, 2017. Response surface methodology for optimization of simultaneous Cr（Ⅵ）and as（Ⅴ）removal from contaminated water by nanofiltration process[J]. Environmental progress and sustainable energy, 37(1)：434-443.

MONIER M, IBRAHIM A A, METWALLY M M, et al, 2015. Surface ion-imprinted amino-functionalized cellulosic cotton fibers for selective extraction of Cu(Ⅱ) ions[J]. International journal of biological macromolecules, 81：736-746.

MONIER M, KENAWY I M, HASHEM M A, 2014. Synthesis and characterization of selective thiourea modified Hg（Ⅱ）ion-imprinted cellulosic cotton fibers[J]. Carbohydrate polymers, 106：49-59.

MOTSA M M, THWALA J M, MSAGATI T A M, et al, 2011. The potential of melt-mixed polypropylene-zeolite blends in the removal of heavy metals from aqueous media[J]. Physics and chemistry of the earth, 36(14/15)：1178-1188.

MUZZARELLI R A A , TUBERTINI O, 1969. Chitin and chitosan as chromatographic supports and adsorbents for collection of metal ions from organic and aqueous solutions and sea water [J]. Talanta, 16：1571-1577.

NISHIEDE H, TSUCHIDA E, 1976. Selective adsorption of metal ions on poly(4-vinylpyridine) resins in which the ligand chain is immobilized by crosslinking[J]. Macromolekulare chemistry physics, 177(8)：2295-2310.

OGUZ E, 2005. Adsorption characteristics and the kinetics of the Cr（Ⅵ）on the Thuja oriantalis [J]. Colloids and surfaces A：physicochemical and engineering aspects, 252：121-128.

OTERO-ROMANI J, MOREDA-PINEIRO A, BERMEJO-BARRERA P, et al, 2009. Ionic imprinted polymer for nickel recognition by using the bi-functionalized 5-vinyl-8-hydroxyquinoline as a monomer：Application as a new solid phase extraction support[J]. Microchemical journal, 93(2)：225-231.

PEARSON R G, 1963. Hard and soft acids and bases[J]. Journal of the American chemical society, 85：3533-3539.

PERIASAMY K, NAMASIVAYAM C, 1995. Removal of nickel(Ⅱ) from aqueous solution and nickel plating industry wastewater using an agricultural waste: peanut hulls[J]. Waste management, 15(1): 63-68.

POLYAKOV M V, 1931. Adsorption properties of silica gel and its structure[J]. Zhurnal Fizicheskoi Khimii, (2): 799-805.

PRADHAN D, SUKLA L B, SAWYER M, et al, 2017. Recent bioreduction of hexavalent chromium in wastewater treatment: A review[J]. Journal of industrial & engineering chemistry, 55: 1-20.

REN T Y, NIU W L, WU Y J, et al, 2013. Synthesis of α-Fe_2O_3 nanofibers for applications in removal and recovery of Cr(Ⅵ) from wastewater[J]. Environmental science and pollution research, 20(1): 155-162.

REN Z, KONG D, WANG K, et al, 2014. Preparation and adsorption characteristics of an ion-imprinted polymer for selective removal of Cr(Ⅵ) ions from aqueous solution[J]. Journal of materials chemistry, A, 2: 17952-17961.

RICCARDO A A M, OTTAVIO T, 1969. Chitin and chitosan as chromatographic supports and adsorbents for collection of metal ions from organic and aqueous solutions and sea-water[J]. Talanta, 16(12): 1571-1577.

RICHARD F C, BOURG A C M, 1991. Aqueous geochemistry of chromium: a review[J]. Water research, 25(7): 807-816.

ROBERT W, 1984. Handbook of Chemistry and Physics[M]. Florida: Chemical Rubber Company Publishing.

ROBERTS G A F, 1992. Solubility and solution behaviour of chitin and chitosan[M]. Springer: Chitin Chemistry.

SADHU V B, PERL A, PETER M, et al, 2007. Surface modification of elastomeric stamps for microcontact printing of polar inks. [J]. Langmuir, 23(12): 6850-6855.

SAGIV J, 1979. Organized monolayers by adsorption. iii. irreversible adsorption and memory effects in skeletonized silane monolayers[J]. Israel journal of chemistry, 18(3-4): 346-353.

SAHA B, ORVIG C, 2010. Biosorbents for hexavalent chromium elimination from industrial and municipal effluents[J]. Coordination chemistry reviews, 254: 2959-2972.

SALEH A S, IBRAHIM A G, ELSHARMA E M, et al, 2018. Radiation grafting of acrylamide and maleic acid on chitosan and effective application for removal of Co(Ⅱ) from aqueous solutions[J]. Radiation physics and chemistry, 144: 116-124.

SANDEN M C VAN DE, 2010. Views on macroscopic kinetics of plasma polymerization: acrylic acid revisited[J]. Plasma processes and polymers, 7: 887-888.

SARIN V, SINGH T S, PANT K K, 2006. Thermodynamic and breakthrough column studies for the selective sorption of chromium from industrial effluent on activated eucalyptus bark [J]. Bioresource technology, 97(16): 1986-1993.

SHIMIZU Y, IZUMI S, SAITO Y, et al, 2004. Ethylenediamine tetraacetic acid modification of crosslinked chitosan designed for a novel metal—ion adsorbent [J]. Journal of Applied Polymer Science, 92(5): 2758-2764.

SHROFF K A, VAIDYA V K, 2012. Effect of pre-treatments on the biosorption of Cr(Ⅵ) ions by the dead biomass of rhizopus zrrhizus [J]. Journal of chemical technology and biotechnology, 87(2): 294-304.

SREENIVASAN K, 1999. On the application of molecularly imprinted poly (HEMA) as a template responsive release system [J]. Journal of applied polymer science, 71 (11): 1819-1821.

STYLIANOU S, SIMEONIDIS K, MITRAKAS M, et al, 2018. Reductive precipitation and removal of Cr(Ⅵ) from groundwaters by pipe flocculation-microfiltration[J]. Environmental science & pollution research, 25(13): 12256-12262.

SUN S L, WANG A Q, 2006. Adsorption properties of carboxymethyl chitosan and crosslinked carboxymethyl resin with Cu as template[J]. Separation and Purification Technology, 49(3): 197-204.

SUN Z M, YAO G Y, XUE Y L, et al, 2017. In situ synthesis of carbon @ diatomite nanocomposite adsorbent and its enhanced adsorption capability[J]. Particulate science and technology, 35(4): 379-386.

TAGHIZADEH M, HASSANPOUR S, 2017. Selective adsorption of Cr(Ⅵ) ions from aqueous solutions using a Cr (Ⅵ)-imprinted polymer supported by magnetic multiwall carbon nanotubes[J]. Polymer, 132: 1-11.

TAKAGISHI T, KLOTZ I M, 1972. Macromolecule-small molecule interactions; introduction of additional binding sites in polyethyleneimine by disulfide cross-linkages[J]. Biopolymers, 11 (2): 483-491.

TAN C J, TONG Y W, 2007. Preparation of superparamagnetic ribonuclease A surface-imprinted submicrometer particles for protein recognition in aqueous media[J]. Analytical chemistry, 79(1): 299-306.

TAVENGWA N T A, CUKROWSKA E, CHIMUKA L, 2013. Synthesis, adsorption and selectivity studies of N-propyl quaternized magnetic poly(4-vinylpyridine) for hexavalent chromium[J]. Talanta, 116: 670-677.

TEMKIN M, PYZHEV V, 1940. Kinetics of ammonia synthesis on promoted iron catalysts[J].

Acta physiochim. URSS,12:327-356.

THEIRICH D, NINGEL K P, ENGEMANN J,1996. A novel remote technique for high rate plasma polymerization with radio frequency plasmas[J]. Surface and coatings technology, 86/87:628-633.

THIRUMAVALAVAN M, LAI Y L, LEE J F, 2011. Fourier transform infrared spectroscopic analysis of fruit peels before and after the adsorption of heavy metal ions from aqueous solution[J]. Journal of chemical and engineering data, 56(5):2249-2255.

THURSTON R M, CLAY J D, SCHULTE M D,2007. Effect of atmospheric plasma treatment on polymer surface energy and adhesion[J]. Journal of plastic film & sheeting,23(1): 63-78.

UGUZDOGAN E, DENKBAS E B, KABASAKAL O S, 2010. The use of polyethyleneglycolmethacrylate-co-vinylimidazole (PEGMA-co-Ⅵ) microspheres for the removal of nickel(Ⅱ) and chromium(Ⅵ) ions[J]. Journal of hazardous materials, 177(1/2/3):119-125.

USEPA,1996. USEPA Drinking Water Regulations and Health Advisories[Z]. Washington, DC: USEPA.

UYGUN M, FEYZIOGLU E, OZCALISKAN E, et al,2013. New generation ion-imprinted nanocarrier for removal of Cr(Ⅵ) from wastewater[J]. Journal of nanoparticle research,15 (8):1833-1843.

VAN DE SANDEN M C,2010. Views on macroscopic kinetics of plasma polymerization: acrylic acid revisited[J]. Plasma processes and polymers,7:887-888.

VELEMPINI T, PILLAY K, MBIANDA X Y, et al, 2017. Epichlorohydrin crosslinked carboxymethyl cellulose-ethylenediamine imprinted polymer for the selective uptake of Cr (Ⅵ)[J]. International journal of biological macromolecules,101:837-844.

VLATAKIS G, ANDERSSON L I, MULLER R, et al, 1993. Drug assay using antibody mimics made by molecular imprinting[J]. Nature, 361:645-647.

WANG H, JIN X Y, WU H B, 2015. Adsorption and desorption properties of modified feather and feather/PP melt-blown filter cartridge of lead ion (Pb^{2+})[J]. Journal of applied polymer science, 132(9):41555-41562.

WANG J J, LI Z K,2015. Enhanced selective removal of Cu(Ⅱ) from aqueous solution by novel polyethylenimine-functionalized ion imprinted hydrogel: Behaviors and mechanisms [J]. Journal of hazardous materials,300:18-28.

WANG J Q, PAN K, HE Q W,et al, 2013. Polyacrylonitrile/polypyrrole core/shell nanofiber mat for the removal of hexavalent chromium from aqueous solution[J]. Journal of hazardous materials，244：121-129.

WANG Y R，MA W C，LIN J H，et al，2014. Deposition of fluorocarbon film with 1，1，1，2-tetrafluoroethane pulsed plasma polymerization[J]. Thin solid films，570：445-450.

WHITCOMBE M J，RODRIGUEZ M E，VILLAR P，et al，1995. A new method for the introduction of recognition site functionality into polymers prepared by molecular imprinting：synthesis and characterization of polymeric receptors for cholesterol[J]. Journal of the American chemical society，117(27)：7105-7111.

WHO，1997. Guidelines for Drinking Water Quality，Health Criteria and Other Supporting Information[Z]. Geneva，Switzerland：WHO.

WULFF G，1995. Molecular imprinting in cross-linked materials with the aid of molecular templates：a way towards artificial antibodies[J]. Angewandte chemie international edition in english，34(17)：1812-1832.

XIN Z R，YAN S J，DING J T，et al，2014. Surface modification of polypropylene nonwoven fabrics via covalent immobilization of nonionic sugar-based surfactants[J]. Applied surface science，300(3)：8-15.

XU H M，WEI J F，WANG X L，2014. Nanofiltration hollow fiber membranes with high charge density prepared by simultaneous electron beam radiation-induced graft polymerization for removal of Cr(Ⅵ)[J]. Desalination，346：122-130.

XU S F，CHEN L X，LI J H，et al，2012. Novel Hg^{2+}-imprinted polymers based on thymine-Hg^{2+}-thymine interaction for highly selective preconcentration of Hg^{2+} in water samples[J]. Journal of hazardous materials，237/238：347-354.

YANG B J，LIM K S，2016. Properties of vistamaxx/polypropylene side-by-side bicomponent melt-blown nonwoven improved water repellent and vapor permeability[J]. Textile science and engineering，53：128-133.

YE L，CORMACK P G，MOSBACH K，2001. Molecular imprinting on microgel spheres[J]. Analytica chimica acta，435(1)：187-196.

YU F，WU Y Q，LI X M，et al，2012. Kinetic and thermodynamic studies of toluene，ethylbenzene，and m-xylene adsorption from aqueous solutions onto KOH-activated multiwalled carbon nanotubes[J]. Journal of agricultural and food chemistry，60(50)：12245-12253.

YU T M，QIAO X S，LU X H，et al，2016. Selective adsorption of Zn^{2+} on surface ion-imprinted polymer[J]. Desalination and water treatment，57(33)：15455-15456.

YUSOF A M，MALEK N A N N，2009. Removal of Cr(Ⅵ) and As(Ⅴ) from aqueous solutions by HDTMA-modified zeolite Y[J]. Journal of hazardous materials，162(2/3)：1019-1024.

ZHANG H J, LIANG H L, CHEN Q D, et al, 2013. Synthesis of a new ionic imprinted polymer for the extraction of uranium from seawater[J]. Journal of Radioanalytical and nuclear chemistry, 298(3): 1705-1712.

ZHANG Y F, GAO L, DENG N P, et al, 2018. Fabrication of porous and magnetic Fe/FeN$_x$ fibers by electro-blown spinning method for efficient adsorption of Cr(Ⅵ) ions[J]. Materials letters,212: 235-238.

ZHANG Z, LI J H, FU J Q, et al, 2014. Fluorescent and magnetic dual-responsive coreshell imprinting microspheres strategy for recognition and detection of phycocyanin[J]. RSC Advances, 4: 20677-20685.

ZHAO D, WANG L, ZHANG R, et al, 2018. Preparation of toughened polypropylene-g-poly (butyl acrylate-co-acrylated castor oil) by suspension grafting polymerization[J]. Polymer engineering and science, 58(1): 1-8.

ZHAO S X, CHEN Z, SHEN J M, et al, 2017. Response surface methodology investigation into optimization of the removal condition and mechanism of Cr(Ⅵ) by Na$_2$SO$_3$/CaO[J]. Journal of environmental management, 202: 38-45.

ZHENG Y A, WANG W B, HUANG D J, et al, 2012. Kapok fiber oriented-polyaniline nanofibers for efficient Cr(Ⅵ) removal[J]. Chemical engineering journal,191: 154-161.

ZHOU Z Y, KONG D L, ZHU H Y, 2014. Preparation and adsorption characteristics of an ion-imprinted polymer for fast removal of Cr(Ⅵ) ions from aqueoussolution[J]. Journal of materials chemistry A,2:17952-17961.

ZHU F, LI L W, XING J D, 2017. Selective adsorption behavior of Cd(Ⅱ) ion imprinted polymers synthesized by microwave-assisted inverse emulsion polymerization: Adsorption performance and mechanism[J]. Journal of hazardous materials, 321: 103-110.

ZHU T Y, HUANG W, ZHANG L F, et al,2017. Adsorption of Cr(Ⅵ) on cerium immobilized cross-linked chitosan composite in single system and coexisted with Orange Ⅱ in binary system[J]. International journal of biological macromolecules,103: 605-612.